稻虾田工程示意

放水整田种稻

稻虾田

虾　沟

成熟期水稻

冬季稻田

稻虾田设施

防护网

虾沟边香根草

虾沟水草

春季稻虾田青苔

专家现场指导青苔防治

小龙虾药具产品

诱虫灯

虾饲料

虾稻肥

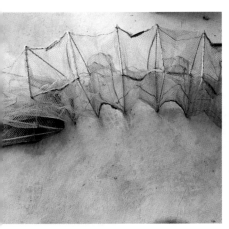

捕虾网

滤水网

稻虾田小船

青 虾

小龙虾壳

成 虾

春季虾苗

成虾收获

抱卵虾

稻虾复合种养与生产管理

李继福 朱建强 蔡 晨 编著

中国农业出版社

北 京

编　委　会

主　编：李继福　朱建强　蔡　晨

参编人员（按姓名笔画排序）：

李燕丽　刘　波　吴启侠　邹家龙

张丁月　周　鹏　胡　容　徐　茵

蔡威威

前言

习近平总书记在党的十九大报告中强调，要坚持新发展的理念，提出了乡村振兴战略，为我国农业农村的未来发展描绘了宏伟蓝图。近年来，湖北省兴起了模式多样的稻田种养，对绿色农业及其发展方式的转变进行了有益的探索。以张启发院士倡导的"双水双绿"模式，即充分利用平原湖区稻田和水资源优势，在稻田种养中协同发展"绿色水稻"和"绿色水产"，做大做强水稻、水产"双水"产业，实现湖北省农业繁荣、农民富庶、农村美丽的目标，具有较强的针对性。其中，湖北省潜江市创新发展出的"稻虾共作"水稻（*Oryza sativa*）与小龙虾（*Procambarus clarkia*）共作复合种养高效模式，被农业农村部誉为"现代农业发展的成功典范，现代农业的一次革命"。

小龙虾学名克氏原螯虾，属节肢动物门甲壳纲十足目螯虾科，原产于美国南部和墨西哥北部，20世纪30年代末由日本传入中国南京，如今已广泛分布于江苏、湖北、江西、安徽等长江中下游地区。由于小龙虾肉质细嫩、味道鲜美、营养丰富，近年来人们对小龙虾的需求量不断攀升，出现了供不应求的局面，销售价格在国内外市场上也呈现不断上涨的趋势，从而带动稻田养殖小龙虾面积的逐年扩大，已成为我国淡水养殖的主力军。稻虾共作模式之所以能够迅速发展，主要体现在农业增效上，实现了"一水两用、一田双收、稳粮增收、一举多赢"，有效地提高了农田资源利用率和产出效益，拓展了发展空间，促进了传统农业的改造升级。

稻田种养不仅提高了农业的经济效益，也为农业的绿色可持续发展提供了巨大的机遇和潜力。例如，在稻—虾系统中，广阔的稻田为虾提供了活动空间，使虾生长健壮；稻谷收获后冬季田间淹水，还田秸秆可以为虾苗提供休眠场所，对虾苗孵化具有保温作用；秸秆腐烂促进水体浮游生物生长，既为虾提供了食物，同时也有效地解决了秸秆还田矛盾，既有利于对稻秆的消化利用，还可杀灭残存病虫害，减少次年虫源，降低虫害；虾的排泄物为稻提供了有机肥料，尤其是虾的存在制约了农药、化肥的施用。可见，这种稻—虾互利共生体系能有效地实现资源节约、环境友好、生态平衡，具有引领农业生产模式变革的巨大潜力。

本书内容以湖北荆州、潜江等地的稻虾复合种养为基础，通过实地考察和资料收集、整理，系统总结了我国稻虾种养的发展现状、稻虾种养类型、小龙虾养殖、稻虾田水稻管理、稻虾种养生产技术规范以及在小龙虾物种认知、养殖、管理和食用方面的常见误区。本书编写过程中，在资料收集、规整和数据考证等方面得到了长江大学农学院部分师生、涉农企业、种养大户的大力协助，在此一并致以诚挚的感谢！

由于编者水平有限，加之时间仓促，以致书中难免有不完善和不严谨之处，敬请各位专家、同行和读者批评指正！

编著者

2019 年 1 月

目 录

前言

第一章 稻田复合种养的发展历程

2017 年全国小龙虾养殖面积达 1 200 万亩[*]，其中，稻田养殖面积约 850 万亩，占总养殖面积的 70.8%。湖北省稻田种养面积突破 500 万亩，目前仍在迅速增长之中，尤其是稻虾共作在湖北发展迅速，无论是面积，还是组织化程度都走在全国前列。其结果，既稳定了水稻生产，有效减少了水田抛荒，又发展了水产业，稻田实现一水两用、一田多产、稳粮增收，大大地提高了农业生产的效益。稻田种养产业的快速发展，促进了"种养、加工、流通"一二三产业的快速融合，并迅速借助互联网发展了"农业互联网＋"。稻田种养专业合作社、相关从业人员的数量、经济总量，几年来已形成规模，其势如雨后春笋，呈爆发性增长。如举措得当，有望成为战略性的可持续发展的重大产业。

第一节 稻田种养的发展历程

稻田种养指利用稻田的浅水环境，辅以人为措施，既种植水稻又养殖水产品，使稻田内的水资源、杂草资源、水生动物资源、昆虫及其他物质和能源，更加充分地被养殖的水生生物所利用，并通过所养殖的水生生物的生命活动，达到为稻田除草、除虫、松土和增肥的目的，获得稻鱼互利、双增收的理想效果。

"稻鱼共生系统"的内涵（田面种稻，水体养鱼，鱼粪肥田，鱼稻共生，鱼粮共存）是把种植业和水产养殖业有机结合起来的立

※ 亩为非定计量单位，1 亩≈667 米²。——编者注

体生态农业生产方式。稻田养鱼实现了在同一块田内既种植又养鱼，合理地改善了水稻的生长发育条件，促进了稻谷的生长，实现了稻鱼双丰收的目标，收到了"一田多用、一水多用、一季多收"的最佳效果，提高了资源利用效率，有效地节约了水、土资源，改善了土壤的通透性，提高了土壤肥力，有效地控制了水稻病虫害。

中国是历史上最早进行稻田养鱼的国家，这种传统的生态农业方式既能充分、合理地利用水土资源，又能增产粮食和水产品，具有显著经济、社会和生态效益，因而被传承下来，并在稻作区广泛传播，成为极富生命力的农业文化遗产。近几年来，由于市场经济的刺激、消费者食品安全意识的增强、水产养殖科技工作者和广大农业生产者的努力探索，将各种水产养殖生物的池塘养殖技术移植到稻田，并加以适当改革，从而极大地丰富了传统稻田养鱼理论的内涵，形成了稻田生态渔业利用的现代稻田养鱼理论新框架，带动了水稻种植技术与水产养殖技术的又一次革命。我国约有水稻田2 446万公顷，其中在目前条件下可养鱼面积约1 000万公顷，但目前全国已养殖的稻田面积仅占1/5，其进一步开发的潜力很大。

一、国外稻田种养发展历程及研究现状

国外稻田养鱼技术，以印度、日本及东南亚各国较发达。日本稻田养鲤开始于1884年，然而，近30年来由于大量使用农药原因，已经逐步萎缩。印度尼西亚稻田养鱼也有1个多世纪的发展历史，是农村的一项重要副业，但产量不高，除养鲤外，还养当地一些种类。马来西亚一向有稻田养鱼的习惯，养殖对象主要是攀鲈鱼。泰国山区的稻田养鱼对象主要是鲤。越南的稻田养鱼对象和马来西亚相同，有鲇鱼、鳢科鱼等。印度的主要养殖种类有尖嘴鲈、开特拉鱼等。朝鲜半岛的养殖对象主要是鲤。在欧洲，俄罗斯、乌克兰、意大利、匈牙利、保加利亚等国家和地区都开展了稻田养鱼，养殖鱼类有鲤、丁鲹鱼等。美国的稻田养殖在密西西比河下游，养殖对象为沟鲇等鱼类。在非洲马达加斯加岛稻田养鱼已有百年历史，在非洲大陆中南部各国1950年开始养殖罗非鱼。总之，

国外稻田养殖历史不过百年，养鱼目的在于养鱼除草、培育鱼种，养殖商品鱼的较少。

二、我国稻田种养发展历程及研究现状

（一）我国稻田种养发展历程

我国已有 2 000 多年稻田种养的经验，养殖历史悠久，是世界上最早进行稻田种养的国家。据考古新发现，陕西勉县的汉墓出土文物中就有稻田养鱼模型。

1949 年以前，我国稻田种养主要局限在气温较高的西南、中南、华南和华东部分地区，而且多限于冬季蓄水的深水田、冷浸田。有关机构也进行稻田实验为农民做技术指导，但受到各种社会条件限制，发展不大。中华人民共和国成立后，我国稻田养殖有所发展，家鱼人工繁殖的成功，也为稻田养殖提供了苗种基础，有利于稻田养鱼的发展。1954 年在第四次全国水产会议上正式提出"发展全国稻田养殖"，稻田养殖从丘陵山区扩大到平原地区，从而使我国传统的稻田养殖业得到了迅速恢复和发展。20 世纪 70 年代初期，倪达书研究员在总结我国稻田养鱼经验的基础上，提出"以鱼支农、以鱼促稻"的设想，开展了稻田养鱼试验，获得了稻鱼双增收的良好效果，以后又在实践中认识到，稻田养鱼后新的稻田生态系统中稻鱼之间存在着共生互利关系，具有良好的生态功能，并由中国科学院列题进行了深入研究，提出了稻鱼共生理论，阐述了稻田养草鱼种的生态功能，制定了稻田养鱼的技术操作规范，确立了稻鱼的几种配套模式，并进行了农渔结合试点。

1978 年以后，随着我国农村家庭联产承包责任制的建立和完善，农业生产内部结构的逐步优化，稻田养鱼得到了迅速发展，并且政府相关部门采取了有力措施大力发展稻田养殖，在很多技术上也得到了创新，从 1983 年开始先后在四川温江、江苏无锡、徐州和辽宁盘锦等地召开了稻田养殖经验交流大会，研究稻田养殖技术、发展方向，并分享各地的成功经验，后又被列入了国家"九五"十大重点推广农业技术。把稻渔工程和"菜篮子"工程、农田

水利建设、生态农业建设结合起来，使稻田养殖进入了优质、高产、高效的新发展时期，重点推广名特优新品种，重视稻渔结合形式和经济效益，由粗放型向集约型发展。

20世纪90年代以来，我国稻田养鱼生产通过在技术上的广泛研究和生产上的深入实践，已经形成了较为完整的理论体系，我国稻田养鱼迅速恢复并获得了长足发展。随着水产科技进步、技术推广工作的加强以及农、渔民在市场经济条件下的创新性生产实践，我国传统养鱼技术又有所发展和创新，稻田养鱼也相应地在基础理论和技术水平方面登上了一个新的台阶。2005年5月16日，联合国粮农组织在世界范围内评选出了5个古老的农业系统，作为世界农业遗产进行保护。作为有着700多年历史的农作方式，浙江青田的稻田养鱼成为中国乃至亚洲唯一的入选项目。

（二）我国稻田种养研究现状

1. 养殖范围不断扩展 目前，全国稻田养殖范围扩大主要体现在四个转移上：

①过去只局限在气温较高的西南、中南、华南和华东部分丘陵山区，现在东北、华北和西北地区都不同程度地发展了稻田养殖，其养殖地域基本上扩展到了全国。②从以往主要在丘陵山区进行稻田养殖向平原、城郊地区转移。③从以往主要解决农民自食为主、养殖分散、粗放经营的自然经济向商品经济转移，推行产业化经营。④不仅在贫困地区，在发达地区也积极开展稻田养殖。稻田养殖已成为水田区农村经济重要组成部分。如今稻田养蟹在宁夏回族自治区已从中卫、青铜峡、贺兰、平罗、石嘴山等地发展到引黄灌区11个县（市、区）及农垦国营农场，基本实现了引黄灌区全覆盖。

2. 养殖内涵不断扩展 在种养模式上，稻田养殖由最传统的稻鱼型发展为稻蟹型、稻虾型、稻鳝型、稻鳅型、稻鳖型等。在发展稻田养殖多种水生动物的同时，不少地区还开展了稻田种植莲藕、茭白、慈姑、水芹等与水产养殖结合。还有稻田养鸭、养鸡等。由单品种种养向多品种混养发展，由种养常规品种向种养名特优新品种发展，从而提高了产品的市场适应能力。

3. 养殖面积逐步扩大，养殖产量快速增加　改革开放 40 多年来，我国稻田养殖发展很快，2015 年全国稻田综合种养应用面积突破 1 000 万亩，2017 年达到 1 200 万亩。其中，稻虾共作、稻鳖共作等种养模式，亩均纯利润可达 3 000 元以上，最高超过 1 万元，比单一种稻纯利润提高 3 倍，实现了一地双业、一水双用、一田双收，促进了稻、渔、田的绿色、高效、生态发展。

4. 稻田养殖在内陆水产养殖中所占比例明显增加　我国内陆水产养殖的产量来自 6 个方面，即：池塘养殖、湖泊养殖、水库养殖、河沟养殖、稻田养殖和其他养殖，1985—1995 年稻田养殖产量占内陆水产养殖总量的比例基本保持平稳，占到总量的 3%，在这 6 个方面居第五位，到 2000 年开始上升为 5%，到 2010 年已经上升为 6%。从发展趋势看，稻田所生产的水产品产量已接近全国湖泊养殖的总产量（154 万吨），占淡水养殖总产量的 6.6%。

5. 技术不断创新　近几年，一场新的稻田养殖技术在中国大地上蓬勃掀起，稻田养殖的技术含量得到不断提高。四川推广规范化稻田养殖，要求鱼凼占水稻田面积的 8%～10%，水深 1.5 米以上，用条石、火砖等硬质材料嵌护；田埂加高加固到高 80 厘米、宽 100 厘米；结合农田水利建设，做到田、林、路综合治理，水渠排灌设施配套，实现了立体开发、综合利用稻田生态系统，最大限度地提升了稻田的地力和载鱼力。湖南重点推广田凼沟相结合模式，要求鱼凼水深 1 米以上；沟凼面积占稻田面积的 5%～8%；靠近水源，排灌方便；沟凼相通，沟沟相连；鱼凼结构坚固耐用；同时要求优化放养品种结构。江苏大力推行宽沟式稻渔工程，要求鱼蟹沟养殖面积占稻田面积的 20% 以上，实行渠、田、林、路综合治理，桥、涵、闸、房统一配套。陕西将稻鱼轮作延伸到鱼草轮作，每年 9～10 月待鱼并塘后抽干池水，播种，至翌年 5 月收割完最后一茬草后便注水养殖鱼种，一般每亩产草 7.5～10 吨，可转化为鱼产量 300～400 千克。

6. 养殖方式不断改进　与20世纪稻田养鱼方式相比出现以下发展：①养殖对象以特种水产为主体。往往以经济甲壳类为主体，如河蟹、小龙虾等，鱼类泥鳅、黄鳝等为辅。②采用种养结合，构成稻蟹鱼共生系统，通过保持和改善该生态系统动态平衡，努力提高太阳能利用率，促进物质在系统内的循环和重复利用，使之成为资源节约型、环境友好型、食品安全型的产业，产品为无公害的绿色食品或有机食品。③稻田从单一种植结构转为种养结合的复合结构，综合效益极为显著。④农民组织化程度高，连片作业，规模经营，实施合作化、企业化、产销一体化。

（三）稻田种养的主要效益

1. 社会效益　在大力发展稻田养殖过程中，将水产养殖和水稻养殖有机融合在一起，能够实现水稻产量的提升，而且渔业也取得了较好的发展，进而实现了农民增收，提高了社会效益。稻田养殖作为主要的发展模式，完善了农业生产模式，促进了农业生产，同时，也为广大人民群众提供了安全的绿色水产品和有机食品。

2. 经济效益　采取稻田养殖模式，不仅降低了施肥和用药的支出，而且水稻和水产品的生产量也有了提高。通过对水体的立体使用，鱼类产品的产量可达750千克/公顷，平均产值增加400元/公顷，养殖者收入增加2 250元/公顷以上。到2015年，稻田纯收入增加到3万元/公顷。通过稻田养殖模式，养殖业和种植业实现了双赢，充分体现了稻田养殖的经济效益。

3. 生态效益　现代农业在发展过程中一定要遵循可持续发展原则，在提升产量的同时节约资源。在大力实施"三农"战略期间，通过采取稻田养殖模式，可以降低对生态环境的破坏，并有效解决土壤板结的问题，充分发挥稻田养殖的生态效益。

（四）我国稻田种养发展趋势

1. 产业化　在经济体制不断改革和完善的背景下，稻田养殖模式要想取得长远的发展，应当对我国稻田养殖发展趋势进行分析。为了使我国稻田养殖实现可持续发展，需要在稻田养殖的前、中、后三个时期打造一系列的服务，通过形成稻田养殖产业化模式，打破生产到流通的局限性，进而促进我国农业的发展。

2. 专业化　我国各地在发展稻田养殖期间，要建立稻渔共生的生态养殖模式，生产各种新品种，建立规范化的稻田养殖标准，使得稻田养殖更加专业化，通过延长稻田养殖产业链，从而促进农业的增产和增收。

3. 集约化　在稻田养殖时，为了促进稻田养殖的良好发展，应当向集约化发展，并通过改变传统粗放式的养殖模式，合理地树立更高的稻田养殖标准，采取精养方式，确保稻田养殖向集约化趋势发展，推动稻田养殖的可持续发展，从而推动我国养殖业和种植业的全面发展。

4. 规模化　从我国稻田养殖现状来看，在全国范围内，各个地区的稻田养殖已经不受自给型生产模式的局限，为了进一步促进稻田养殖的可持续发展，应当将稻田养殖集中在一起，使得稻田养殖更具规模化。通过建立稻田养殖基地，实施稻田养殖连片生产，打造稻田养蟹试验项目，确保稻田养殖的规模增大，在田间循环经济的作用下，将水产和水稻有机融合在一起，提高粮食产量，保证粮食的安全性和生态性，确保农民的经济效益得到提高。

（五）我国稻田种养发展前景

稻田种养的发展前景与生产技术和市场需求有着直接关系，从市场需求角度出发，目前，人们对无公害食品和绿色有机食品的需求量逐渐增多，而且绿色食品消费已经成为时尚和主流，所以稻田种养作为一种全新的模式，将其应用在农业生产中，有利于满足消费者的需求。随着经济水平的不断提高，人们对水产品也有了多样化的需求，将稻田养殖模式运用在水产养殖中，能够提高生产技术水平，使得在水产养殖过程中，水产的品种更多、繁殖能力更强。同时，养殖技术和种植技术的有机结合，能够实现对生态环境的优化，所以稻田养殖不仅具有生态效益，而且为农业生产的可持续发展奠定了良好基础。因此，我国稻田养殖发展前景不可估量。

第二节 稻虾复合种养的发展历程

稻田中养殖小龙虾的理念首次由 Viosca 在 1953 年提出，但当时对于水稻收获后小龙虾的养殖缺乏科学方法，且对小龙虾的生活习性一无所知。1963 年，Thomas 建立稻田中养殖小龙虾的技术规程，且由 Chien 和 Avault 进一步验证，并于美国路易斯安那州成功推广，至 1974 年美国路易斯安那州养殖小龙虾的稻田面积达到 4 500 公顷，小龙虾的产量为 350～1 000 千克/公顷。由于不同区域水文、气候及生态条件的差异，小龙虾在稻田中可能会表现出一定的破坏性。小龙虾的掘穴习性往往造成稻田田埂坍塌、灌溉渠道以及田面水渗漏，从而扰乱了稻田水分管理，影响了水稻生长，造成水稻减产。小龙虾对水稻的直接影响主要表现为取食直播水稻的种子，嚼断并摄食水稻幼苗；间接影响主要表现为小龙虾活动增加了稻田水的浊度，降低了直播水稻种子的萌发率。鉴于小龙虾在稻田的破坏性，长期以来在美国加利福尼亚州和葡萄牙等地小龙虾通常被视为一种稻田害虫成为防治对象。

我国的小龙虾稻田养殖起步于 21 世纪初，且以湖北省潜江市探索出的稻虾连作模式为代表。稻虾连作模式即一茬稻一茬虾接连生产，在中稻收割后灌水养虾，至翌年中稻栽插前收获成虾，开创了我国稻田养殖小龙虾的先河。由于稻虾连作模式存在养虾和种稻时间上的冲突，导致在水稻栽插季节小龙虾生长规格不达标，产量和经济效益较低。稻虾共作模式是在稻虾连作模式的基础上发展形成的，即采取稻田周边开挖围沟的方式，为小龙虾在整地、施肥、插秧及晒田环节创造一个避难场所，从而达到由过去"一稻一虾"变为"一稻两虾"的目的，提高了产量，增加了经济效益。

稻虾共作模式具体为在每年 9～10 月中稻收割灌水后，将小龙虾幼虾投向稻田进行寄养，小龙虾以被淹腐烂的稻草、浮游生物及人为投放的饲料为食，在翌年的 5～6 月水稻插秧前收获第一季成熟小龙虾，然后排水整地，而未成熟的幼虾随水迁至稻田围沟中，待中稻移栽、晒田控蘖及复水后，幼虾再次进入稻田生活，此时由于稻秧足够粗壮，小龙虾已经无法嚼食，在中稻收割前收获第二季成熟小龙虾。

稻虾共作模式所需条件：①小龙虾养殖稻田应是地下水位较高、保水性能较强的稻田，一般为潜育性稻田。②稻田需要进行一定的工程改造，即在稻田四周开挖不完全封闭的环形沟，能够在整地施肥、水稻栽插以及晒田时期给小龙虾创造一个良好的生存空间。环形沟标准一般为上口宽 2.5～4.0 米，下口宽 1～1.5 米，深 1.2～1.5 米。面积较大的田块还应开挖"一"字形或"十"字形的田间沟，田间沟宽 1.5～2.5 米，深 0.5～0.8 米。稻田环形沟和田间沟总面积一般占稻田总面积的 8%～12%。另外，将所挖出的土加固、加宽、加高田埂，防止小龙虾在田埂上掘洞而引起田埂坍塌和漏水。一般田埂高度应高出田面 0.6～0.8 米，以提高稻田在旱涝季节调蓄水分的能力，稳定水稻产量（图 1-1）。

图 1-1　湖北省公安县匝口高丰村稻虾田
（蔡晨　摄）

作为一种新兴的稻田复合种养模式，稻虾共作模式将水稻种植和水产养殖进行了有机结合，充分利用了农田资源，实现了"一水两用、一田双收"的目的。目前稻虾复合种养模式主要分布在湖北、江苏、江西、湖南、安徽等长江中下游地区，且以湖北省的面积最大，截至 2016 年湖北省稻虾复合种养面积约为 23.5 万公顷，约占全国总面积的 56.0%。

第三节　我国稻虾产业的发展趋势

在稻虾产业现阶段的快速发展中，由于理论和技术落后于生产实际，对稻田种养缺乏科学指导；同时，还因为片面追求规模和效益，对优质品种、产品质量和绿色生产技术重视不够，缺乏规范，偏离绿色可持续发展方向的问题较为突出。以稻田养虾为例，主要表现在如下方面：

（一）重虾轻稻现象普遍存在，稻虾互作理念的价值尚待开发

由于目前小龙虾市场价格较高，而稻谷（米）价格较低，生产者普遍出现重虾轻稻的现象。产生这种现象的原因是稻谷（米）的价格较低，稻米的潜在价值远未发掘出来，稻虾互作理念的潜在优势的价值效益也远未形成。要发挥好稻虾互利共生的优势，必须种好水稻。当前急需培育适合稻虾种养专用型水稻品种，大幅度提升稻米品质，全面采用绿色生产技术，保障食品安全，形成高档稻米品牌以跃升价值。在此基础上，在食味和营养上进一步形成特色，通过精深加工和延长产业链进一步拓宽市场，全方位提高稻米价值。与此同时，还应进一步发掘和释放"稻虾—虾稻双水双绿"理念的潜在效益，将其转化为双水产品的市场价值。

（二）水产品种尚未形成，品质和养殖健康需要提升

目前稻田小龙虾养殖的一个普遍问题是小龙虾种质单一，品质有待提高，养殖过程中病害频发，对绿色养殖威胁较大。主要原因是我国小龙虾遗传基础单一，国内外关于小龙虾遗传育种的研究基础十分薄弱，尚未形成小龙虾品种改良的概念，有待建立种质资源、遗传学、品种（种苗）培育、产品生产与加工等整合全产业链的研发创新体系。因此，需要收集发掘小龙虾种质资源，开展遗传改良研究，培育优质抗病小龙虾品种。还应建立病害早期诊断技术及防控预警体系，发展免疫及生态防控相结合的绿色健康养殖技术。

（三）稻田种养的田间布局及相关技术需要进一步规范

从理论上讲，稻田种养充分利用了稻田水面、土壤和生物资源，稻虾共作可实现水稻、小龙虾共赢。但实际生产中，由于涉及水稻种植和动物养殖两大产业，常有相互矛盾的地方，如虾稻接茬时间差异、虾稻两者争地争水等问题。为协调矛盾、实现双赢，保障稻田种养体系的可持续发展，需要通过学科交叉与整合，将水稻和小龙虾作为一个完整体系，加强稻虾互作的生态理论研究，建立和规范使稻田种养经济效益和生态效益最优的耕作制度、田间布局、绿色种养和病虫害防控技术。

目前我国水稻总体产能过剩而小龙虾等水产品需求强劲，为农业产业结构调整提供了难得的机遇。兼顾长远发展和当前需求，建议在以下方面做出部署和努力：

（1）大力推进"双水双绿"种养体系，做强水稻水产产业。做好顶层设计，积极示范推广"双水双绿"稻田种养模式，以稻—虾为主，在有基础的地方鼓励稻田养殖其他水产品种（如鱼、蟹、甲鱼、蛙等），促进我国农业快速转型与提档升级。

（2）全面优化种养体系和模式，以"双水双绿"提升产品的品质和价值，促进供给侧结构性改革。实施质量战略和品牌战略，全面提升稻米品质，逐步改良小龙虾品质，建立一批地理标志的绿色稻米、绿色小龙虾品牌，打造若干个百亿产业。水稻品种应以食味特优、兼备营养、抗主要病虫害和抗倒伏的一季稻为主。培育和推广小龙虾新品种，逐步形成"一稻两虾"（即每年种一茬稻、养两茬虾）为主体的绿色种养体系。倡导和践行优质栽培、优质养殖的理念，确保食品安全。实现全程不打农药、少施化肥、少用饲料、水质清洁的目标。

（3）支持"双水双绿"产业的品种研发和共性技术研究，为稻田综合种养多种模式发展提供技术支撑。当前尤其要重视以下方面的研发：适合"双水双绿"种养体系的专用优质和特色水稻品种培育；小龙虾新品培育；种植养殖模式和绿色防控技术体系；市场和社会经济效益分析及相关政策研究。建立若干个"双水双绿"产业基地，开展新品种、新技术和新模式的研发、示范与推广。

（4）创新体制机制，建立"双水双绿"产业联盟，实行"研（科研单位）—产（生产合作社）—销（米业、虾业）"一体化，实现科研驱动产业、创新引领市场的新格局。通过变革，延长产业链，三产融合打造"稻虾田园综合体"。

（5）重视营造稻田种养文化，以"双水双绿"重塑"鱼米之乡"，建设美丽富饶的社会主义新农村。

第二章 稻虾复合种养的基本原理

稻虾复合种养模式是在保障水稻正常生长发育的前提下，利用稻田湿地资源开展适当的水产养殖，形成季节性的农渔种养结合栽培模式，是提高稻田生产力，增加农民收入的有效途径，也是发展绿色水产品和绿色水稻生产的重要措施。稻虾综合种养原理的内涵就是以废补缺、互利助生、化害为利，在稻田养虾实践中，人们称之为"稻田养虾，龙虾养稻"。稻田是一个人为控制的生态系统，稻田养了虾，促进稻田生态系中能量和物质的良性循环，使其生态系统又有了新的变化。稻田中的杂草、原生动物、稻脚叶、底栖生物和浮游生物对水稻来说不仅是废物，而且存在养分、生存空间的竞争关系，稻田里放养龙虾、甲鱼、泥鳅等这一类杂食性的动物，不仅可以利用这些稻田生物作为饵料，促进虾的生长，消除争肥对象，而且龙虾的粪便还为水稻生长提供了优质肥料。此外，龙虾在田间栖息，游动觅食，间接疏松了土壤，破碎了土表着生藻类和氮化层的封固，有效地改善了土壤的通透条件，加速了有机物料的分解、矿物质以及无机肥料的溶解与吸附，促进稻谷生长，从而达到虾稻双丰收的目的。总之，稻虾综合种养是基于水稻、龙虾的生长特点，合理利用稻田资源进行稻虾共作或者连作，充分发挥稻田的水、肥、气、热资源的一种高效立体生态农业。

稻虾复合种养模式主要分为稻虾轮作生态种养模式和稻虾混作生态种养模式两种。

第一节 稻虾轮作生态种养模式

稻虾轮作生态种养模式是根据水稻、小龙虾共生互利特点及两物种生长发育对环境条件的要求，合理配置时空，充分利用土地、降水等农业资源，进行生态种养的稻田复种模式。因其具有可观的经济效益而被广大农户喜爱、接受、推广。此模式成功的原因在于，一方面小龙虾属杂食性动物，以稻田虫蛹卵、腐殖质、杂草为食，适量放养龙虾可有效控制稻田病虫、杂草危害，而其生长季节多为一季中稻种植前后的空闲期，能够有效利用单季稻田土地、热量和降雨资源；另一方面单季稻田为小龙虾生活提供了优质的环境和食源，水稻生育生长的高峰期（8～9月）为小龙虾打洞、交配的繁育季节，极大避免了水稻前期施肥、打药等农技措施对亲虾的毒害。因此，稻虾轮作生态种养充分利用了农业水土环境资源，增加了农民一季种植时的收益，同时也丰富了国内消费者乃至国际市场的餐桌，具有广阔的推广与应用前景。我们主要从稻田改造、水草种植、虾苗投放饲喂、疾病防治、稻田水位调控、水稻栽培及虫害防治等方面对稻虾轮作生态种养模式进行详细介绍，基本流程如图2-1所示。

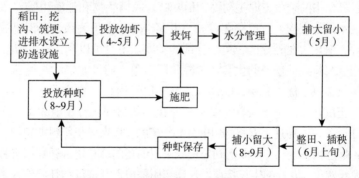

图 2-1　稻虾轮作生态种养模式流程

（改编自熊又升等，2016）

一、稻田改造

稻田改造基本措施是加高、加固田埂，两侧开挖虾沟和厢沟。

对于田埂，可充分利用开挖环形沟所产生的土方进行加固、加宽和加高，该项工程应在水稻种植前完成。田埂加固时每加一层泥土都要进行夯实，以防渗水或暴雨袭扰致使田埂坍塌。

对于虾沟，其作用在于：①蓄留降雨，减少农田排放，减少水肥流失，净化公共水体。②种植水草，净化水质，为小龙虾创造优质的栖息环境和提供优质食源。③提供水稻生产中农技措施处理时小龙虾的避难场所。④协调稻田水、肥、气、热等生态环境，保障水稻增产增收。⑤提高小龙虾品质等级和产量，变一次捕捞（春季）为两次捕捞（春、秋两季），极大地提高养虾效益。对于进排水系统，进水渠建在稻田较高一端的田埂上，进水口还要用长形网袋过滤进水，防止敌害生物随水流入，危害小龙虾生活；排水口建在稻田另一端环形沟的低处，按照高灌底排的格局，保证水源能够及时灌得进、排得出（图2-2）。

图2-2　福娃集团稻虾生态种养基地
（福娃集团提供）

二、防逃防天敌

为了降低龙虾损失，必要的防逃防天敌措施不可或缺，主要是稻田四周设立防逃墙，进排水口处设立防逃网，竖立稻草人，并进行投毒灭鼠活动；初次养殖的稻田还需撒施生石灰，驱除水生天敌，如稻田常见的蛙、水蛇、黄鳝、泥鳅、肉食性鱼类、水老鼠及水鸟均是小龙虾的天敌，所以初次放养小龙虾每亩需施用50～75千克的生石灰（泥脚深需加大用量），清除黄鳝、食肉性鱼类及蛇卵、蛙卵。进水口必须用 20 目（0.85 毫米）纱网制作网袋过滤，防杂鱼进入，水老鼠活动高峰期或小龙虾打洞、繁殖期，投放毒饵毒杀水老鼠；竖立稻草人和彩带，恐吓驱赶水鸟等。

图 2-3 稻田防逃设施
（蔡晨 摄）

三、种草培饵，调控水质

种植水草的主要功能在于：①提供小龙虾生长的植物性饵料及动物性饵料（培养水生微生物）。②吸附和吸收水体富营养物质，净化水质，调节水体环境。③吸收阳光进行光合作用，增加水体溶氧量，利于小龙虾新陈代谢。④给小龙虾提供栖息、脱壳及躲避敌害的场所，防止扎堆损伤。⑤高温季节有效降低太阳直晒，起到避暑降温的效果。

其次是水质控制，水体能见度 0.3～0.4 米为宜，清澈适度，是小龙虾最好的生长环境，过清、过绿、过黑、过浊均不利于小龙虾生存和生长。①水体过清，则表明水质偏瘦，养分和微生物过少，食源缺乏，需适当降低水位，提高水体温度和光合效率，增施有机肥，加大投饵量。②水体过绿则表明营养物积累过多，需杀灭蓝藻，抬高水位，加注新水，适当减小投饵量。③水质混浊，是因为水草过少，水层太浅，或受突发降雨影响，须增加悬浮水草，提高水位，对症施药。④水体过黑，是因高温季节伊乐藻和田间杂草腐烂或投饵过多、排泄物过多而引起的，须进行换水和结合施用改底物质进行综合处理。

四、投放喂养

稻虾轮作生态种养模式小龙虾的投放方式，根据时间划分为秋季投放和次年春季投放；根据投苗方式分为亲虾投放和虾苗投放，其中亲虾投放又可分为雌雄搭配亲虾投放和抱卵雌虾投放。

对于秋季投放模式，以亲虾投放为主，小龙虾于7月底进入性成熟，9月进入交配高峰，10月雌虾抱卵。根据这一规律，通常选择在8～9月每亩水田投入规格5～10尾/千克的亲虾30～60千克，其中雌、雄虾配比为3∶1。而且要求雌雄不从同一种群中选择，以发挥其杂交优势。也可以于10月中下旬直接投放抱卵雌虾，每亩水田的投放量为10～15千克，其优点是不需搭配雄虾，而且繁殖率大于放养雌雄搭配模式。秋季投放模式利用冬闲喂养增加育肥时间，翌年4～6月可提早起捕上市，既可降低养殖成本，提高产量，又可赶上市场高价格，提高产值和效益。

春季投放模式以虾苗为主，放养规格50～75尾/千克的幼虾，一般每亩投放量为40～70千克。3～4月投放，宜早不宜迟；5～6月起捕，捕捞时捕大留小。

两种投放模式建有标准虾沟的稻虾田可一年起捕2次，即4～6月和8～9月。

五、水位控制

稻虾田水位控制十分重要，生产实践表明，4～6月和8～9月的小龙虾起捕季节，小龙虾品质等级与水位深度呈正相关。因此，水位管理既要满足小龙虾的生长需要，也要符合水稻的生长要求。常规水位调控方法如下：

（1）3月至4月上旬。为提高稻虾田水温，促进小龙虾出洞觅食，宜降低水位，大田水位控制在0.1～0.2米，虾沟水位控制在0.4～0.5米。

（2）4月中旬至6月上旬。气温回升，稻田水温逐步上升，应增加稻虾田蓄水量，既有利于微生物、水草等饵料的繁衍，又可改善水体环境质量，利于小龙虾生长，稻田蓄水 0.3～0.4 米，虾沟蓄水 0.6～0.7 米为宜。

（3）6月中下旬。捕捞结束，开厢起垄做厢种稻，活泥抛秧，浅水活棵，稻田水位保持 2～3 厘米，促进水稻扎根活棵。

（4）7月。水稻处于返青至拔节期，前期适当蓄水 0.1～0.2 米，让小龙虾进入大田觅食、打洞，后期以露田为主兼顾水稻晒田控蘖要求，利于水稻生长。

（5）8～9月。水稻进入孕穗期和开花期，可提高蓄水深度，大田水位可蓄至 0.3～0.4 米。9月水稻进入乳熟期，可逐步降低水位露出田面，迫使小龙虾进入虾沟，为水稻机械收割作准备。

（6）10～11月。水稻机械收割后，可适当抬高水位，但必须使稻桩露出水面 0.1 米左右，既可使部分稻桩再生抽芽，提供小龙虾新鲜的草料，又可避免因稻桩全部淹没腐烂，至水质过肥黑化、缺氧而影响小龙虾的生长。

（7）12月至翌年2月。小龙虾处于越冬期，宜提高稻田水位，蓄水 0.3～0.4 米，以深水保温，以利于小龙虾安全越冬。

六、水稻病虫害防治

由于小龙虾对许多农药较敏感，应遵循禁用药不用、可不用药则坚决不用的原则，特别是杀虫剂和除草剂。一般情况下，小龙虾可觅食杂草、虫卵及飞虱、螟虫的成虫和幼虫，对害虫起到有效的控制作用。防治纹枯病、立枯病、稻瘟病等病害时，应排干田面水层，针对性地喷射病株部位。为保证小龙虾的健康，降低水稻生产成本，应适当提高病虫害防治指标，减少用药量和用药次数，使用高效、低毒、低残的化学农药或者绿色生物农药。

第二节　稻虾混作生态种养模式

稻虾混作生态种养模式投资小、见效快、市场前景好，深受广大养殖户喜爱。其主要特点如下：

一、稻田的选择与改造

1. 稻田的选择　养小龙虾的稻田要交通方便，保水性能好，进出方便，周边环境安静，阳光充足，田土肥沃、弱酸性、少泥沙、降雨不溢水，田埂不渗漏。

2. 稻田改造与建设　稻田的改造在每年的 2 月底开始，主要包括加高、加宽、加固田埂。边埂达到高 80 厘米、宽 60 厘米，田埂基部加宽到 1.0 米，田埂夯实，以防裂缝渗水倒塌。田内开挖"田"字形深沟，在距离田埂内侧 80 厘米处挖深 1 米、宽 1 米的环沟，再在田中开"十"字形虾沟，沟宽 50 厘米、深 50 厘米。环形沟和田间沟的总面积占整个稻田总面积的 10% 左右。在虾沟的交叉处或稻田的四角建虾潭，与虾沟相通，虾潭呈正方形，长、宽均为 1.3 米，深 1 米。

二、防逃设施

建好环形沟和田间沟以后，用塑料网布沿田埂四周建立防逃墙，下部埋入土 20 厘米，上部高出田埂 50 厘米，每隔 1.5 米用木桩或竹竿支撑固定，网布上部内侧缝上宽度为 30 厘米左右的钙塑板形成倒挂，以防小龙虾逃逸及其天敌的入侵危害。

三、进排水系统

稻田设有单独进排水系统，进排水口的地点选在稻田相对角的土埂上，进排水口用钢丝网或铁栅栏围住，防止敌害生物进入和小龙虾逃逸。

四、水稻栽植前准备工作

1. 清沟消毒　放苗前 15 天进行清田消毒，将环形沟和田间沟中的浮土清除，对垮塌的沟壁进行修整。然后每亩用生石灰 80 千克化浆后全池泼洒消毒，以彻底杀灭田内的病原菌、寄生虫及包囊，间隔 5～7 天后排干消毒水。

2. 注水施肥 待消毒药物毒性消失、曝晒 2 天后加注新水，进水口用 40 目的筛绢网过滤，向沟中注水 0.6～0.8 米，插秧前重施基肥，基肥以有机肥为主、无机肥为辅。每亩施腐熟的鸡、猪粪 250 千克，繁殖天然饵料。水稻插秧结束后至 8 月中旬，稻田每隔 15 天根据水稻、小龙虾生长情况适当补施复合肥，每亩施尿素 5 千克，复合肥 10 千克，复合肥重点施在环形沟和田间沟内，培育饵料生物。

3. 植草投螺 水温 8℃以上时，在环形养虾沟和田间沟内种植伊乐藻，环形沟内水保持在 10 厘米，把伊乐藻剪成 10～15 厘米一根，一穴 15 根，株距 1～1.5 米、行距 2～2.5 米，水草面积占沟渠面积的 30%。4 月 5 日（清明节）前后投放部分螺蛳，让其在沟渠内自然繁殖，为小龙虾提供大量动物性饵料。

五、水稻病虫害防治

水稻出现病害时，首选高效、低毒、低残留的生物农药，并按常规剂量使用，切忌加大用量，禁用小龙虾高度敏感的有机磷、菊酯类农药。施药前要保持田间水深 6～9 厘米。粉剂类农药在早晨带露水时施用，水剂类农药在晴天露水干后喷施，要尽量喷洒在稻叶上，避免直接喷入水中。

六、稻虾田日常管理

1. 饵料投喂 小龙虾属杂食性动物，喜食动物性饲料，早期通过肥水培育天然饵料，如稻田内的浮游生物、底栖动物、各类昆虫、杂草嫩芽等；中后期投喂小龙虾专用饲料同时搭配杂鱼、螺肉、蚯蚓、蚕蛹、动物内脏、玉米、小麦、糠饼等。日投饵量按虾体重的 5%～6% 估量。1 个月后再追肥 1 次，每亩追施经发酵腐熟的有机肥 100 千克。

2. 水质管理 水稻秧苗栽好后 15 天内保持低水位，便于提高水温，促进水稻生根发芽；随着气温的升高，秧苗进入生长旺盛期，逐渐加高水位。具体是水稻返青前期，田面水深保持在 3～5 厘米，小龙虾进入稻田觅食；8 月水稻拔节后，水位调至最大；水稻收割前期再将水位逐步降低直至田面露出，以利水稻收割。还要根据天气、水质变化调整水位。坚持定期进行田水循环、更新，具体操作为 6 月每 10 天换水 1 次，每次换水 10 厘米；7～9 月属高温季节，每周换水 1 次，每次换水 15 厘米；10 月后每 15～20 天换水 1 次，每次换水 10 厘米。平时要注意观察，发现小龙虾抱住稻秧或大批上岸时，说明田水已呈缺氧状态，应立即加注新水。水位过浅、水质过浓时也要及时换水，保持水位相对稳定、池水溶氧充足、水质清新。

3. 巡田管理 坚持每天巡田，记录好田头养殖日志。发现有异常情况，及时采取措施。平时做好排涝、防洪、防逃措施，随时掌握天气变化情况，一旦遇有暴雨天气，要及时检查进排水口及防逃设施是否完好，以防虾外逃，确保安全。

稻虾混作是将稻与小龙虾养殖有机结合在一起的种养模式，虽然稻田面积减少（开挖环形沟约占稻田面积的 10%）使得产量有一定的降低，但能够促进小龙虾健康快速生长、提高稻米品质，因此单位稻田的产值和经济效益明显提高。

第三章　小龙虾的繁育和管理

　　小龙虾在动物分类学上隶属节肢动物门甲壳纲十足目喇蛄科原螯虾属，学名克氏原螯虾，俗称小龙虾，其在淡水螯虾类中属中小型个体，原产于北美洲，现广泛分布于世界五大洲的20多个国家和地区。我国小龙虾的主产区是长江中下游地区。

　　小龙虾整个身体由头胸部和腹部共20节组成，除尾节无附肢外共有附肢19对，体表具有坚硬的甲壳。性成熟个体暗红色或深红色，未成熟个体淡褐色、黄褐色、红褐色不等，有时还见蓝色。常见个体长4～16厘米。小龙虾广泛分布于我国的江河、湖泊、沟渠、池塘和稻田中，属杂食性动物，以摄食有机碎食为主，对各种谷物、饼类、陆生牧草、水体中的水生植物、着生藻类、浮游动物、水生昆虫、小型底栖动物及动物尸体均能摄食，也喜食人工配合饲料。正常情况下没有能力捕食活动的鱼苗、鱼种。在食物较为丰富的净水沟渠、池塘、稻田中较多，栖息地多为土质，特别是腐殖质较多的泥质，有较多的水草、稻桩、树根或石块等隐蔽物。水质稳定时，小龙虾分布较多。

第一节　小龙虾的生活习性

一、掘穴习性

　　动物因觅食、繁殖以及防御而建造洞穴，造成栖息地剧烈物理变化的过程称之为物理生态系统工程，而掘穴动物被称之为"生态系统工程师"。小龙虾具有掘穴习性，洞穴是小龙虾抵御极端不利环境的避难所，不仅可以保护小龙虾在繁殖季节免遭捕食者捕食，而且能够提供适宜的温度和湿润的环境抵抗外界极端的条件。

小龙虾的洞穴深度通常与地下水位有关，即洞穴底部为一般为地下水位处，洞穴末端呈扩大的小室。洞穴深度多数为50～80厘米，少数可达80～150厘米，且大部分洞穴为简单洞穴，在形态上由一个简单出口和一条通向底腔的穴道组成，而较复杂的洞穴中可以分为2～5个穴道。小龙虾掘穴的速度很快（平均6～10小时），并且所占据的洞穴一旦遗弃，将不会重新利用，而是重新挖掘一个新的洞穴。稻田中虾洞的密度一般为0.07～6.8个/米²，且其密度主要与稻田土壤质地以及小龙虾的田间数量有关。

二、脱壳习性

与其他甲壳类动物一样，小龙虾的生长也伴随着不断蜕壳的过程，小龙虾卵经6～10周可孵化出幼苗，幼苗生长至仔虾一般需要经过11次蜕壳，而仔虾至性成熟需要再经过多次蜕壳，一般8～10天蜕壳一次，但至性成熟的小龙虾蜕壳次数骤然减少，雌虾性成熟后仅每次交配产卵前进行生殖蜕壳。小龙虾的蜕壳主要集中在4～10月，其中5～6月为高峰期，9～10月蜕壳明显减少。小龙虾的蜕壳间隔主要与个体发育状况以及外界环境条件如水温、营养状况等密切相关，即外界条件适宜，个体发育较早，则蜕壳间隔时间就较短。小龙虾蜕壳的重量一般占总虾重的12%～13%，且蜕壳中有机碳的含量约为490克/千克，氮含量约为73克/千克，蛋白质含量约为245克/千克，甲壳素含量约为505克/千克，C/N约为6.7。小龙虾蜕壳中富含的甲壳素及其降解物——壳聚糖不仅能够作为植物生长调节剂，提高禾本科作物分蘖数，促进作物生长，增加作物产量，而且可以作为植物病害诱抗剂，诱导植物自身防卫反应，降低多种病害的发生率，另外作为土壤改良剂，能够有效增加水稳性大团聚体的数量，促进土壤有益微生物的生长，抑制土传病原菌的生长繁殖（图3-1）。

图 3-1　小龙虾脱壳
（李燕丽　摄）

三、食性

小龙虾为杂食性动物，主要摄食绿色幼嫩植物、动植物碎屑以及浮游生物等。由于小龙虾能够嚼断并摄食水稻幼苗，因此长期以来小龙虾往往被视为一种稻田害虫，成为防治对象。小龙虾的摄食活动受光线影响较大，摄食高峰期均出现在光线较弱的黎明和黄昏时分。小龙虾幼虾表现为肉食性或杂食性，而成虾则表现为草食性，但是在缺少食物的情况下，一些成年个体同样表现出肉食性，甚至同类相残。

小龙虾对于水草种类在适口性和营养上存在偏好，而且水草种类对小龙虾生长的影响也存在差异，伊乐藻、小浮萍和苦草的饲养效果优于水花生和水葫芦；水稻收获后秸秆泡水腐解过程中产生的植物碎屑以及相关微生物、浮游动物，也是小龙虾在稻田中的主要食物来源之一。

四、迁徙性

从小龙虾的习性来看，小龙虾是介于水栖动物和两栖动物之间的一种动物，能适应恶劣的环境。其利用空气中氧气的本领很高，离开水体之后只要保持身体湿润，可以安然存活 2～3 天。当遇陡降暴雨天气时，小龙虾喜欢集群到流水处活动，并趁雨夜上岸寻找食物和转移到新的栖息地；当水中溶氧量降至 1 毫克/升时，也会离开水面爬上岸或侧卧在水面上进行特殊呼吸。

五、药敏性

小龙虾习性对目前广泛使用的农药和渔药反应敏感，其耐药能力比鱼类要差得多，对有机磷农药，超过 0.7 克/米³ 就会中毒，对于除虫菊酯类渔药或农药，只要水体中含有药物，就有可能导致其中毒甚至死亡。对于漂白粉、生石灰等消毒药物，如果剂量偏大，也会导致小龙虾中毒。而对植物和茶碱则不敏感，如鱼藤精、茶饼汁等。

六、喜温性

小龙虾属变温动物，喜温暖、怕炎热、畏寒冷，适宜水温18～31℃，最适水温为 22～30℃。当水温上升到 33℃以上时，小龙虾进入半摄食或打洞越夏状态；当水温下降到 15℃以下时，小龙虾进入不摄食的打洞状态；当水温下降到 10℃以下时，小龙虾进入不摄食的越冬状态。

七、格斗性

严重饥饿时，小龙虾会以强凌弱、相互格斗，出现弱肉强食现象，但在食物比较充足时能和睦相处。另外，如果放养密度过大、隐蔽物不足、雌雄比例失调、饲料营养不全时，也会出现相互撕咬残杀，最终以各自螯足有无决胜负。

八、避光性

小龙虾习性喜温怕光，有明显的昼夜垂直移动现象，光线强烈时即沉入水体或躲藏到洞穴中，光线微弱或黑暗时开始活动，通常抱住水体中的水草或悬浮物将身体侧卧于水面。

第二节　小龙虾的繁殖习性

人们在水产市场或者生活超市中会看到大小不一的小龙虾,这些小龙虾可能是同一个时期的,但是由于不同的生长环境和人工培育条件,使小龙虾出现了个体上的差异。小龙虾在一年之内只会完成一次受精繁殖,并不像人们想象的那样一年多次产卵。通常而言,小龙虾的交配时间较长,只要水温能够保持在16~31℃,小龙虾就可以一直进行交配活动;同时,一尾雄虾可以与多只雌虾进行交配活动,交配时,雄虾将雌虾的螯足钳住,用步足抱住雌虾并将其翻转,雄虾将精荚利用交接器送入雌虾的储精囊中,雄虾的精子可以在雌虾的储精囊中存活8个月之久(图3-2)。

雌虾　　　　　　　　　　　雄虾

图3-2　亲　虾

(庞阿利　摄)

一、产卵

雌虾的产卵期较长,一般在交配后3个月才会开始产卵。不同的卵巢颜色代表其不同的成熟阶段,卵巢颜色一般包括白色、黄色、茶色等,成熟期的卵巢呈现出豆沙色或是茶色,这样的雌虾可以在交配一周后就开始排卵;基本成熟期的卵巢呈现出橙色，这样的雌虾排卵期较长，一般要在交配后 3 个月左右才开始排卵。一般情况下，在交配后，雌虾便开始挖掘洞穴，这是因为雌虾的受精与产卵都习惯在洞穴中进行，开阔的水域内很少有抱卵雌虾的身影。交配后的雌虾会陆陆续续地进入挖好的洞穴中，在洞穴中等待着卵成熟，并在成熟后进行排卵。雌虾将成熟的卵子从第三对步足根部的生殖孔排出，排卵时会随着卵排出一种多蛋清的胶质物质，这种物质会将卵包囊，并且在卵经过储精囊时促使存储在储精囊中的精荚释放精子，使卵受精。胶质物质会将

包裹着的受精卵送至雌虾的腹部，此时雌虾变成了抱卵虾。雌虾的产卵量因雌虾个体大小的不同存在一定差异，最多可达 400 粒，最少仅有 30 多粒。当抱卵虾在洞穴内等待产卵时，为了使受精卵处于相对湿润的状态，它们会将自己的腹部尽量贴近洞内有积水的部分，同时为了使受精卵获得足够的溶氧，抱卵虾会不断地摆动它们的腹足来保证水的流动情况，同时会利用步足进行受精卵的清除工作。抱卵虾在洞内等待产卵的时候一般不会进食（图 3 - 3）。

图 3 - 3　抱仔虾
（庞阿利　摄）

二、孵化及幼虾生长

抱卵虾会在洞穴内完成受精卵的孵化工作。洞内的水温以及溶氧量对抱卵虾孵化受精卵的速度有极大的影响。温度越高受精卵的孵化速度越快，受精卵的孵化时间多则 100 多天，少则 10 多天。因此，我们在翌年 3～5 月仍会见到一些抱卵虾的存在，也是基于此，导致了小龙虾个体的大小不一。刚经过孵化后形成的幼体小龙虾身长在 6 毫米左右，它们可以通过自身携带的卵黄营养在几天之后由一期幼体发育成为二期幼体。二期幼体的小龙虾体长在 7 毫米

左右，这个时候的小龙虾附肢已经发育相对完全，两眼之间的额角弯曲程度也与成虾的基本形态相似。二期幼体小龙虾可以吸收母体内的营养，也可以进行微弱短距离的觅食活动。二期幼体经过几天的时间发展成为仔虾，虾体接近 1 厘米，并且体态特征基本与成虾完全一致。由于仔虾对母体有较大的依赖性，需要跟随母体一起离开洞穴，进入到开放的水体，这个时候的仔虾已经完全发育成了在开放水体中随意行动的幼虾。幼虾的生长周期在能够保证水温 26℃左右时需要 14 天左右（图 3 - 4）。

图 3 - 4　抱卵虾
（李燕丽　摄）

第三节　稻虾复合种养中小龙虾的养殖管理

稻田养殖小龙虾与池塘养殖不同，在时间和空间上相对粗放，养殖过程中应该做到以下关键管理措施：

一、小龙虾投喂管理

对于小龙虾养殖来说，最重要的是对小龙虾进行投喂，以满足其成长所需营养。小龙虾不好动，在养殖区过大的区域，它们很难进行自主觅食。因此，要进行播撒式的投喂。如果是在稻田中的长条形养殖沟内，可以沿着养殖沟边缘进行投喂。小龙虾的饲料要保证具有充足的营养。小龙虾的投喂工作要采用定时、定量的方式，并且要保证投喂的饲料足够维持池中小龙虾的生长。如果投喂的饲料量不足，很容易使小龙虾发生争食或者互相残杀的问题，严重影响小龙虾的产量与经济收益。因此，在投喂时要按小龙虾的不同生长阶段进行投喂并且保证投喂充足，同时可以充分利用水下的水生植物为小龙虾提供隐蔽的空间。

养殖人员要知道如何正确判断投喂量是否充足，主要有3种判断方式：①通过小龙虾短期的活动情况判断。如果投喂量不足，小龙虾为了觅食短期内的活动量会明显增加，这个时候池水内的情况相对活跃，水质因活动量的增大而相对混浊。②通过水面漂浮的水草情况判断。投喂量不足，小龙虾会以水中的水草为食物，会主动食用水中的水草，致使大量水草被折断，漂浮在水面上。③通过小龙虾的夜间活动情况来判断。正常情况下，小龙虾很少在夜间进行活动，而在投喂量不足时，小龙虾会在晚上多次上岸，这样养殖人员就要适当的增加投喂量。

二、小龙虾蜕壳管理

小龙虾在4～5月会出现脱壳的现象，在小龙虾脱壳时，会消耗自身大量的能量，一些本身规格较小、体质较弱的小龙虾无法承受这种影响，会出现未完全脱壳、脱壳期间死亡等一系列脱壳问题，须引起养殖户的关注。

1. 蜕壳的重要性　蜕壳后，小龙虾才能长大；蜕壳不顺利，小龙虾就会死亡。蜕壳后，小龙虾特别虚弱，一旦遭受敌害或不良环境刺激，极易死亡。

2. 蜕壳保护措施　放养时，保持规格一致，密度合理。蜕壳前，投喂含有钙质和蜕壳素的配合饲料。蜕壳期间，不宜抽排水，要保持池塘水位稳定，营造良好的池塘水质环境，减少有毒有害物质对蜕壳虾的危害。

三、小龙虾养殖周期表

小龙虾一年繁育1次，稻田进行养殖应合理安排水稻生产，小龙虾的养殖月历见表3-1。

表 3-1　小龙虾养殖月历

序号	时间区间	龙虾状态
1	1～2月	冬眠期

（续）

序号	时间区间	龙虾状态
2	2月中下旬	养殖期
3	2月中下旬至3月上旬	保水期
4	3月上旬至3月中旬	产卵期
5	3月中旬至4月上旬	养殖期
6	4月上旬至6月上旬	捕捞期
7	5月中旬至6月上旬	插秧期（稻田养虾）
8	6月上旬至7月上旬	留种期
9	7月上旬至8月上旬	精养殖期
10	8月上中旬至9月上旬	交配期
11	9月上旬至9月中旬	产卵期
12	9月上旬至10月中旬	捕种期
13	9月中旬至10月上旬	抱卵期
14	9月上旬至10月上旬	收谷期（稻田养虾）
15	10月上旬至11月上旬	幼苗期（稻田灌水）
16	11月上旬至12月上旬	养殖期
17	12月中旬至2月中下旬	冬眠期

四、稻田基础管理

在小龙虾养殖过程中，要注意不同月份的管理事项与管理关键。在7~8月，养殖员要注意收集小龙虾的生长与发育情况，要能够掌握小龙虾的交配情况以及洞穴内的小龙虾抱卵情况。8月可以在养殖区栽种一些水生植物，为小龙虾幼体的生长提供栖息地。到了9月，会有一部分雌虾完成了孵化活动，这个时候要密切关注水体中是否有幼虾活动，并进行准确的记录。同时，在这个时间段，要注意养殖区域的水位情况，保证养殖区的水位适应小龙虾的生长，对出现问题的水位要及时进行灌溉或者排水工作，并且要根据水质状况进行适宜的施肥与清理工作，保证养殖区的水质透明度与清洁度。

五、稻田水体管理

水体混浊会严重影响小龙虾成虾的健康情况与无公害情况，同时会对观察小龙虾的生长及活动产生影响。因此，一定要加强对养殖区水体的管理工作。投喂量不足，小龙虾因为觅食增大活动量、水中藻类植物少，水体自我净化能力差、水体底层生物过多、活动过多等情况都会使水体变得混浊。为此，养殖人员要仔细分析水体混浊的原因，针对不同原因进行不同的治理工作。可以通过适当增加投喂量、使用澄清水体的产品进行水体净化、水体施肥、减少底层生物等方式来保证水体的水质。

六、水草管理

养殖区的水体，不能只有底层土壤与底层生物，同时还要保证有足够的水草。小龙虾生活的水体中，要保持水草的覆盖率达到50%。目前，大多数养殖区种植的是伊乐藻。但是这种水草生长速度过快，而且不耐高温，养殖人员要在5月下旬，待伊乐藻发挥其作用后，适当的将其剪掉25厘米左右，让其在深水中生长。当水体中的水草覆盖率超过标准后，要适当将多余的水草清除，保证水体的流动性与水体平衡（图3-5）。

图3-5　稻田水草覆盖

（蔡晨　摄）

第四节　自繁自育小龙虾的管理

小龙虾具有繁殖力强、抱仔的习性，因此，在稻田中放养一次亲虾，让其自繁、自育、自养，使水稻与小龙虾形成一个互生共存的生态系统，是目前高效农业的较佳模式。自繁自养小龙虾的管理要点为：

（1）在7~8月要收集养殖水体小龙虾发育情况，观察小龙虾的抱对情况，可抽样一些洞穴观察小龙虾的抱卵情况，同时注意留足亲虾。

（2）在9月后要经常关注稻田水体中是否出现幼虾，判断幼虾的多少，可用小网眼的纱网打样查看。

（3）在9月后特别是在冬季时，要保持稻田一定的水位，尤其是稻田收割开始前常慢慢降低水位以方便收割，促使小龙虾进入洞穴，收割后及时灌水。

（4）从9月后开始，要使稻田水保持有一定的透明度，可施用速效肥水产品进行肥水，根据水色及时补充养分。

（5）在11月后，保持一定的水色有利于冬季和初春保持水温和一定的浮游生物。低温肥水困难时可先施用葡萄糖酸钙等补钙产品，再施用低温肥水产品来肥水。

此外，除了8月在稻田周边栽种布置一些水花生以利于孵出的小龙虾幼体栖息附着外，在10月后可根据实际情况栽种伊乐藻，以利于来年水草的生长（伊乐藻在水温5℃以上即可萌发）（图3-6）。

图3-6　青　虾

（李继福　摄）

第五节 稻田虾苗养殖管理

目前养殖青虾的苗种有 3 个来源：①投放炮卵虾，自繁、自育、自养；②放养上年养殖未达上市规格的幼虾；③购买或自繁虾苗放养。稻田虾苗养殖主要分为两类，即稻虾轮作生态种养模式和稻虾混作生态种养模式。

一、稻虾轮作生态种养模式

小龙虾与中稻轮作模式是目前稻田养殖小龙虾主要的养殖方式，特别是那些只种一季中稻的，9～10 月收割后，稻田空闲到翌年 6 月才开始种植。采用此种模式，基本不影响中稻操作和产量，小龙虾达到 300 千克/亩左右。此模式虾苗种投放和养殖管理是至关重要的环节。

1. 苗种投放 苗种要早投早放，放足数量。一般是夏、秋季放种，春季补放，捕大留小。苗种投放一般有两种方式：①头年的7～8 月，将亲虾直接投放在虾沟中，通过中稻收割前的排水、晒田等管理，迫使小龙虾在田埂及沟壁上掘洞，自行繁殖。一般每亩投放亲虾 15～30 千克，雌雄比为（2～3）：1。②在收割中稻后，每亩投放虾苗 2 万～3 万尾，为提高成活率，可先采用围网在小面积进行强化培育，待虾苗长至 2 厘米以上时，撤掉围网让幼虾进入全池养殖。以上两种模式投苗时都要一次性投足，翌年 3～4 月可视情况补充投放幼虾，一般每亩补投 10～40 千克即可。

2. 虾苗投喂 幼虾期，特别是在围网培育时要加强投喂，一般每天投喂 3～4 次，主要投喂鱼糜、绞碎的螺蚌肉或屠宰场的下脚料等，投饵率为 5％～8％。幼虾达到 2 厘米后可投喂麸皮、米糠、饼粕等或小龙虾配合料，一般根据水温等按 2％～5％投喂，每天 1～2 次，水温低于 12℃时不投喂。

3. 施肥及水位控制 在中稻收割后至 11 月，保持田面水深30～50 厘米，并施用有机肥或肥水膏类产品培育水质；随着气温的降低，要逐步加深水位。到翌年3月，可适当降低水深使水温上升。当水温达到16℃以上时，可施肥培育水质。

4. 亲虾捕捞　用地笼在3月时捕出亲虾，4月中旬即可对小龙虾进行捕大留小，到6月后在稻田插秧前可排干田水全部捕出。

二、稻虾混作生态种养模式

小龙虾与水稻混作模式是在水稻插秧后，投放3厘米左右的幼虾，虾与水稻同时进行养殖的模式。此方式可用于早稻与晚稻两季稻，收割早稻时，慢慢排干田面的水，让小龙虾进入虾沟，待早稻收割后，耕田插秧晚稻，注水后小龙虾继续养殖。也适用于中稻进行混作，即在中稻插秧后投放幼虾，与稻一起种养。此种模式不用在田面种植水草，一般也不用投喂饲料或只在生长旺季少量投喂饲料，每亩产小龙虾100千克左右。其管理要点如下：

1. 虾苗放养　一般每亩投放3厘米左右的幼虾4 000～6 000尾（20～30千克）。

2. 水稻晒田　水稻生长分蘖期需要晒田，晒田时要慢慢排干田水，让小龙虾进入虾沟；同时密切注意小龙虾的行为，如反应异常，则立即进水；晒田时间不宜太长。

3. 水稻施肥　对水稻施追肥时，最好先将田面水排浅，尽量让小龙虾进入虾沟，追肥后再加深田水。不要施用氨水和碳酸氢铵。

4. 水稻施药　坚持小龙虾生物安全的原则，选择适宜的稻田用药。菊酯类、毒死蜱和敌百虫类要严格禁止。施药时要严格把握安全浓度，确保小龙虾的安全。施药时对叶面喷施，并进行分区施药，即将稻分成几个小区，每天只对一个区域施药。

5. 捕捞　养殖期间可用地笼或抄网对小龙虾进行捕大留小，水稻全部收割完成后全部捕捞。捕捞小龙虾多采用地笼网捕捞，其特点是使用最广泛、效果最好。但应注意，下地笼前禁止使用药物；地笼网眼大小要选择好，以不能卡住未达上市规格的虾种为宜；下地笼时切不可全部浸入水中，笼梢要高出水面，以便小龙透气；地笼中小龙虾不宜堆积过多，否则会造成其窒息死亡；地笼网使用7～10天后清洗曝晒一次，可提高捕获率。

6. 小龙虾运输　从地笼捕获小龙虾时，在剔除明显体弱受伤的个体后置于有新鲜流动水的容器或暂养池停食几天，使小龙虾肠道排空，避免运输途中的污染，提高运输成活率。

运输小龙虾时，湿度的控制很重要，可有效防止小龙虾脱水死亡，提高运输成活率。短途运输用塑料箱装运并铺设水草保持虾体湿润即可；长途运输则需要用带孔隔热的泡沫箱加冰后低温运输。对于长途运输，要提前计算好运输时间，以不超过4～6小时为宜，如果运输时间过长，则需添加冰块，运输途中要进行检查。

第六节　小龙虾饲料的配制

淡水小龙虾是典型的杂食性动物，其既吃青草和水草，又吃谷物饲料和动物饲料。若采取人工繁殖水生物、小动物或种植水生植物等纯天然有机饲料喂养，比购买的商品饲料适口性好、营养丰富、新鲜味美，完全可以不用购买配合饲料。这样既可避免因商品饲料的激素等有害成分超标，保证商品龙虾绿色无公害，又可以节省开支，每年每亩可节省约3 000元的饲料费用。

一、动物性饲料

龙虾喜食的动物性饲料很多，特别是那些具有较浓腥味的死鱼及猪、牛、鸡、鸭、鱼等的下脚料，龙虾最喜食。另外水沟、河汊等处的螺类、蚌、蚯蚓、水蚯蚓、沙蚕、钩虾等，都是可以同时在虾池中进行人工饲养繁殖的龙虾喜食的较好的活体动物饲料。其中，蚯蚓可在空闲地利用猪牛粪、稻草与细土进行人工饲养繁殖。

此外，动物性饵料还有干小杂鱼、鱼粉、虾粉、螺粉、蛋蛹粉、猪血、猪肝肺等。

浮游动物是小龙虾幼苗期生长所需的主要饵料。水中的浮游动物有桡足类、枝角类、轮虫等。

二、植物性饵料

植物性饵料包括浮游植物和水生植物的幼嫩部分，以及谷类、豆饼、米糠、花生饼、豆粉、麦麸、菜籽饼、棉籽饼、椰子核粉、植物油脂类、酒糟等。

在植物性饵料中，豆类是优质的植物蛋白源，特别是大豆，其粗蛋白质含量高达干物质的 38%～48%，豆饼中的可消化蛋白质含量也可达到 40% 左右。作为虾类的优质植物蛋白源，不仅是因为大豆蛋白质含量高，来源广泛，更重要的是因为其氨基酸组成和虾体的氨基酸组成成分比较接近。由于大豆粕含有胰蛋白酶抑制因子，需要用有机溶剂和物理方法进行破坏，在目前这很容易做到，已不成为使用的障碍。对于培养虾的幼体来说，大豆所制出的豆浆是极为重要的饵料，和单胞藻类、酵母、浮游生物等配合使用，成为良好的综合性初期蛋白源。

菜籽饼、棉籽饼、椰子核粉、花生饼、糠类、麸类都是优良的蛋白质补充饲料，适当的配比有利于降低成本和适合虾类的生理要求。

由于大部分虾类消化道内具有纤维素酶，能够利用植物中含有的纤维素，所以虾类可以有效取食消化一些天然植物的可食部分，对其生理机能可产生促进作用。特别是很多水生植物干物质中含有丰富的蛋白质、B 族维生素、维生素 C、维生素 E、维生素 K、胡萝卜素、磷和钙等营养价值很高，是提高小龙虾生长速度的良好天然饵料。

植物性饲料中最好的还是以陆地上的大豆、南瓜、米糠、麦麸、豆渣、甘薯及水中的鸭舌草、眼子菜、竹叶菜、水葫芦、丝草、苦草等为好。因为它们可以利用空闲地与虾池同时人工种植，以供小龙虾食用。

三、微生物饵料

微生物饵料可以划入动物性饵料中，目前使用不多，主要是酵母类。由于各类酵母含有很高的蛋白质、维生素和多种虾类必需氨基酸，特别是赖氨酸、B 族维生素、维生素 D 等含量较高，在配合饲料中可以适当使用，比较常用的有啤酒酵母等。

目前在饲料开发中日益显得重要的活菌制剂，是以一种或几种有益微生物为主制成的饲料添加剂，可以在养殖对象体内产生或促进产生多种消化酶、维生素、生物活性物质和营养物质，有的制剂能够抑制病原微生物，维持消化道中的微生物动态平衡，是一类有价值的新型饲料源（图 3-7）。

图 3-7　淡水小龙虾配合饲料（肥料）

（李继福　摄）

四、人工配合饲料

人工配合饲料则是将动物性饵料和植物性饵料按照淡水小龙虾的营养需求，确定比较合适的配方，再根据配方混合加工而成的饲料。其中还可根据需要适当添加一些矿物质、维生素和防病药物，并根据淡水小龙虾的不同发育阶段和个体大小制成不同大小的颗粒。在饲料加工工艺中，必须注意到淡水小龙虾是咀嚼型口器，不同于鱼类吞食型口器，因此配合饲料要有一定的黏性，制成条状或片状，以便于淡水小龙虾摄食。

淡水小龙虾人工配合饲料配方：仔虾饲料蛋白质含量要求达到 30% 以上，成虾饲料蛋白质含量要求达到 20% 以上。

仔虾饲料粗蛋白含量 37.4%，各种原料配比为：秘鲁鱼粉 20%、发酵血粉 13%、豆饼 22%、棉仁饼 15%、次粉 11%、玉米粉 9.6%、骨粉 3%、酵母粉 2%、多种维生素预混料 1.3%、蜕壳素 0.1%和淀粉 3%。

成虾饲料粗蛋白含量 30.1%，原料配比为：秘鲁鱼粉 5%、发酵血粉 10%、豆饼 30%、棉仁饼 10%、次粉 25%、玉米粉 10%、骨粉 5%、酵母粉 2%、多种维生素预混料 1.3%、蜕壳素 0.1%和淀粉 1.6%。

其中，豆饼、棉仁饼、次粉、玉米粉等在预混前再次粉碎，制粒后经 2 天以上晾干，以防饲料变质。两种饲料配方中，另加占总量 0.6%的水产饲料黏合剂，以增加饲料耐水时间。

养殖面积较大的农户，可以自己购买小型的颗粒饲料机，自己购买原料，加工生产。这样既可以降低成本，又可以保证饲料的营养成分。

五、小龙虾饲料的比例

一般是植物性饵料占 60%左右，动物性饵料占 40%左右。植物性饵料中，果实类与草类各占一半，大约 30%。在饲养过程中，根据大、中、小（幼虾）的实际情况，要对以上动、植物饲料合理搭配，并做适当的调整。

第四章　小龙虾病虫害防治

　　野生小龙虾的适应性和抗病能力都很强，因此，发生疾病的概率较低。稻田养殖的小龙虾生存环境适宜，相对患病的概率较高。生病征兆的小龙虾大部分时间栖息于水底层、草丛中和洞穴里，平时在水体中很难遇见，即使遇到也会迅速逃避。因此，当巡塘时（特殊天气例外）发现水质突变和小龙虾静伏岸边、攀附草上、反应迟钝、行动呆滞、食量下降、个别死亡等情况，则说明小龙虾有发病征兆或已经生病。

　　小龙虾患病初期不易发现，一旦发现，病情就已经严重，用药治疗效果不佳，疾病如不能及时治愈，可能会导致大批死亡而使养殖户陷入困境。因此，防治小龙虾疾病要遵循"预防为主、防重于治、全面预防、积极治疗"等原则。

第一节　小龙虾发病的原因和预防

一、小龙虾病害原因

1. 外因

（1）环境因素。长期不清塘，底部淤泥沉积过多，有机质分解释放出氨氮、硫化氢等物质毒害小龙虾；池塘水质恶化，有利于寄生生物的生长繁殖，增大传染性，引发疾病。

（2）病原体。真菌、细菌、原生动物和病毒等。

2. 内因

（1）近亲繁殖。导致种质退化，自身免疫力下降。

（2）种虾质量不高。购买种虾时把关不严，种虾本身不健康。

二、小龙虾病害防治原则

1. 先水后虾 以鳃病为例：治病先治鳃，治鳃先治水。对小龙虾而言，鳃比心脏更重要，鳃不仅是气体交换的重要场所，也是排泄的重要场所，是小龙虾最重要的器官，鳃病是引起小龙虾死亡的最重要的病害之一。调节好水质后，再配合药物治疗，才是治疗鳃病最科学的方法。

2. 先虫后菌 寄生虫破坏虾体后，伤口易被细菌感染，所以要先杀虫后杀菌。

特别注意：小龙虾病害的发生一般是多种因素共同作用的结果，因此在预防和治疗的过程中应多管齐下。

第二节　小龙虾主要疾病防治

小龙虾在人工养殖条件下也容易发生疾病，常见的主要有以下16 种：

1. 烂鳃病

（1）病因。多种弧菌和真菌所致。

（2）症状。病虾鳃丝发黑，局部霉烂。

（3）防治方法。①经常清除虾池中的残饵、污物，注入新水，保持水体中溶氧在 4 毫克/升以上，避免水质被污染。②每立方米水体用漂白粉 2 克溶水全池泼洒，可以起到较好的治疗效果。

2. 黑鳃病

（1）病因。此病主要是由于水质污染严重，小龙虾鳃丝受真菌感染引起。

（2）症状。鳃由红色变为褐色或淡褐色，直至完全变黑，鳃萎缩，病虾往往伏在岸边不动，最后因呼吸困难而死。

（3）发病特点。10 克以上的小龙虾易受感染。

（4）防治方法。①保持水体清洁，溶氧充足，定期用生石灰调节水质。②患病虾用 3‰～5‰的食盐水浸洗 2～3 次，每次 3～5

分钟；或每立方米水体用亚甲基蓝 10 克溶水全池泼洒。

3. 烂尾病

（1）病因。烂尾病是由于小龙虾受伤、相互蚕食或被甲壳素分解细菌感染引起的。

（2）症状。感染初期病虾尾部有水泡，边缘溃烂、坏死或残缺不全，随着病情的恶化，溃烂由边缘向中间发展，严重感染时，病虾整个尾部溃烂掉落。

（3）防治方法。①运输和投放虾苗、虾种时，不要堆压和损伤虾体。②饲养期间饲料要投足、投匀，防止虾因饲料不足相互争食或残杀。③发生此病，每立方米水体用茶粕 15～20 克浸液全池泼洒；或每亩水面用生石灰 5～6 千克溶水全池泼洒。

4. 聚缩虫病

（1）病因。聚缩虫引起患病。

（2）症状。小龙虾难以顺利脱壳，病虾往往在脱壳过程中死亡，幼体、成虾均可发生，对幼虾危害较严重。

（3）防治方法。①彻底清塘，杀灭池中的病原体。②发生此病可经常大量换水，减少池水中聚缩虫数量。

5. 纤毛虫病

（1）病因。累枝虫和钟形虫等。

（2）症状。纤毛虫附着在成虾和虾苗的体表、附肢和鳃上，大量附着时会妨碍虾的呼吸、活动、摄食和脱壳，影响生长。尤其在鳃上大量附着时，影响鳃丝的气体交换，会引起虾体缺氧而窒息死亡。

（3）防治方法。①保持合理的放养密度，注意虾池的环境卫生，经常换新水，保持水质清新。②用 3%～5% 的食盐水浸洗病虾，3～5 天为一个疗程。③用 25～30 毫克/升的福尔马林溶液浸洗 4～6 小时，连续 2～3 次。

6. 软壳病

（1）病因。长期阴雨，池内缺少光照，pH 长期偏酸性，养殖池池底淤泥留得过多，放养密度过大和饲料养分不均等都会造成此类病害发生。

（2）症状。病虾外壳较软，两螯足举而不坚，体色暗淡，行动迟缓，食欲差，生长缓慢，避害能力弱。

（3）防治方法。每立方米水体用 20 克生石灰化水全池泼洒，饲料投喂"荤素搭配"均衡，适当增加青饲料和骨粉的投喂量；在饲料中添加 0.1％的维生素 C，0.1％虾蟹蜕壳素、鱼肝油、葡萄糖、中草药和生物制剂等。

7. 烂壳病

（1）病因。池底恶化、水质不良导致弧菌等细菌大量繁殖引起。

（2）症状。病虾甲壳局部出现斑点，继而斑点边缘开始溃烂，出现穿孔导致病虾内部感染。

（3）防治方法。①虾种运输和投放虾种时，不要堆压损伤虾体。②投放密度要合理，饲料投喂要充足，减少残食行为的发生。③每亩用 5～6 千克生石灰化水全池泼洒。

8. 螯虾瘟疫病

（1）病因。由真菌引起。

（2）症状。病虾体表有黄色或褐色斑点，在附肢和腿柄基部可发现真菌的丝状体。病虾呆滞，活动减弱或活动不正常，严重时会造成病虾大量死亡。

（3）防治方法。①保持水体清新，维持正常水色和透明度；适当控制放养密度；冬季清淤；平时注意消毒。②用 0.1 毫克/升强氯精全池泼洒。③用 1 毫克/升漂白粉全池泼洒，每天 1 次，连用 2～3 天。

9. 出血病

（1）病因。由产气单胞菌引起。

（2）症状。病虾体表布满了大小不一的出血斑点，特别是附肢和腹部较为明显，肛门红肿，不久死亡。

（3）防治方法。①保持水体清新，维持正常水色和透明度；冬季清淤；平时注意消毒。②发现病虾及时隔离，每亩 1 米水深用

25～30千克生石灰化水全池泼洒。③每亩1米水深用750克烟叶，用温水浸泡5～8小时全池泼洒，同时每1千克饲料中添加氟苯尼考0.8克（本品含原料粉10%），连喂3～5天。

10. 水霉病

（1）病因。由水霉菌感染所致。

（2）症状。病虾体表附生一种灰白色、棉絮状菌丝，患病的虾一般很少活动，不觅食，不进入洞穴。

（3）防治方法。①当水温上升至15℃以上时，每15天用25毫克/升生石灰水全池泼洒。②割去过旺水草，增加日照。③杜绝伤残虾苗入池，长了水霉的死鱼不能作为饲料。④每立方米水体按2克五倍子煎汁，稀释后全池泼洒。⑤40毫克/升食盐、35毫克/升小苏打配成合剂全池泼洒。每天1次，连用2天，如效果不明显，换水后再用药1～2天。⑥用0.3毫克/升二氧化氯全池泼洒1～2次，两次用药应间隔36小时。⑦1毫克/升漂白粉全池泼洒，每天1次，连用3天。⑧每亩1米水深用干烟杆10千克、食盐5～7.5千克混合熬成水汁25～30千克，连泼2～3次。

11. 蜕壳不遂

（1）病因。生长的水体缺乏某种元素。

（2）症状。病虾在其头胸部与腹部交界处出现裂痕，全身发黑。

（3）防治方法。①每15～20天用25毫克/升生石灰水全池泼洒。②每月用1～2毫克/升过磷酸钙全池泼洒。③饲料中拌入0.1%～0.2%蜕壳素，或拌入骨粉、蛋壳粉等增加饲料中钙质。

12. 水肿病

（1）病因。小龙虾腹部受伤后感染嗜水气单胞菌。

（2）症状。病虾头胸内水肿，呈透明状。病虾匍匐池边草丛中，不吃不动，最后在池边浅滩死亡。

（3）防治方法。在生产操作中尽量减少小龙虾受伤。

13. 冻伤病

（1）病因。在水温低于4℃时，虾将会冻伤。

（2）症状。龙虾冻伤时，头胸甲明显肿大，腹部肌肉出现白斑，随着病情加重，白斑也由小而大，最后扩展到整个躯体。病虾初呈休克状态，平卧或侧卧在潜水草丛里。严重时，出现麻痹、僵直等症状，不久死亡。

（3）防治方法。①早冬期，当水温降到 10℃以下，应加深水位。②在越冬期间，可在池中投有机肥或稻草，促使水底微生物发酵，提高水温。③在秋冬季，注意多投含脂肪性饵料，如豆饼、花生饼、菜籽饼等。

14. 痉挛病

（1）病因。在高温季节，由于经常捕捞，成虾受惊吓造成。

（2）症状。主要症状是成虾腹部弯曲，严重的个体头胸部以下至尾部明显僵硬，并侧卧在水底不动，捕上后长时间不能恢复正常，轻者虽能做短暂划动，可身体呈驼背形，伸展不开，还有的病虾腹部变白，但不透明。

（3）防治方法。①在高温季节尽量避免捕捞。②生产中要经常换新水，提高水位，改善水质。③发病后要及时加注新水，连续5天。

15. 畸形病

（1）病因。池水中重金属盐类过多或某种营养元素缺乏造成的。

（2）症状。病虾身体弯曲，有的尾部弯曲，有的尾部萎缩，有的附肢上刚毛变弯，甚至残缺不全。幼体趋光性较差，活动无力，多数沉入水底，蜕壳十分困难。

（3）防治方法。①加强饲养管理，多喂含钙、磷及营养丰富的饲料；②亲虾在抱卵孵化时，控制水温 22～25℃为宜，同时要严格禁止重金属盐入池，如锌、铜、铬等，保持池水清洁无污染。

16. 泛池

（1）病因。主要是池水缺氧。

（2）症状。池虾在缺氧时，多表现为烦躁不安，到处乱窜，有时成群爬至岸边草丛中不动，还有的爬上岸，如长时间离开池水将导致死亡。

（3）防治方法。①冬闲期间要及时清除过多淤泥，冻晒池底。②使用已经发酵的有机肥，控制水质过浓。③控制虾种放养密度。④常加新水，保持池水清爽。如发现虾不安，应立即开动增氧机，加注新水，但不能直接冲入，最好是喷洒落入水面。⑤池水混浊时，每亩用明矾 2～3 千克化水全池泼洒。⑥每亩水深 1 米水体用石膏粉 2～4 千克，溶水后全池均匀泼洒。⑦每亩水深 1 米水体用 5 千克黄泥加水制成糊状，全池均匀泼洒。⑧每亩水深 1 米水体用生石灰和人尿各 5 千克，加水全池泼洒。⑨每亩水深 1 米水体用 3～4 毫克/升过氧化钙溶水后遍洒全池。

第三节　小龙虾敌害防治

养殖小龙虾中的敌害很多，可以分为捕食生物、竞争生物和有害生物。做好相关的工作对提高小龙虾的产量、提升养殖的效益是有一定的帮助。稻虾田养殖小龙虾的主要敌害有水蛇、青蛙、蟾蜍、老鼠、凶猛鱼类（乌鳢、鳜鱼、鲇鱼等）、鸟类（鹭类和鸥类）及某些家禽（鸭子）等（图 4-1、图 4-2）。

图 4-1　进水系统套纱网

（方刘　摄）

图4-2 虾 沟
（蔡晨 摄）

在放虾初期，稻株茎叶不茂，田间水面空隙较大，此时小龙虾个体也较小，活动能力较弱，逃避敌害的能力较差，容易被敌害侵袭。同时，小龙虾每隔一段时间需要蜕壳生长，在蜕壳或刚蜕壳时，最容易成为敌害的适口饵料。到了收获时期，由于田水排浅，小龙虾有可能到处爬行，目标会更大，也易被鸟、兽捕食。

主要防治方法：

（1）进水口严格过滤，防止凶猛鱼类的鱼卵进入池塘水体。

（2）对于水蛇、青蛙、水老鼠等敌害，可采取"捕、诱、毒"等方法进行处理。

（3）对于鸟害，可用稻草人、恫吓等方法来进行控制。

（4）鸭子是小龙虾的大害，绝对不能让其进入水体。

第五章　稻虾田水稻栽培管理

　　稻虾共生是根据水稻、小龙虾共生互利的特点及两物种生长发育对环境条件的要求，合理配置时空，充分利用土地、降雨等农业资源，进行生态种养的稻田复种模式。一方面，小龙虾属杂食性动物，以稻田虫蛹卵、腐殖质、杂草为食，可有效控制稻田病虫杂草危害，而其生长主要季节为单季中稻空闲期，又可有效利用单季稻田土地资源、降雨资源；另一方面，单季稻田为小龙虾生长提供了优质的生长环境和食源，而水稻生长高峰期（8～9月）为小龙虾打洞繁育季节，极大地避免了水稻施肥、打药等农技措施对亲虾的伤害。总之，稻虾轮作种养结合极大地利用了农业资源，提高了农民收入，丰富了市民餐桌，具有广阔推广应用前景。

　　稻虾田水稻的管理涉及育秧、施肥、植保和收获等过程。

第一节　水稻育秧

一、水稻秧苗准备

　　1. 稻田选择　稻田应选择地势平坦，远离城市污染源，保水保肥性能好，抗洪灾能力强，水源充足，排灌方便，农田灌水质量符合 GB 5084—2005 标准，土壤环境质量符合 GB 15618—2018 标准的地块。

　　2. 水稻品种选择　水稻品种选择通过国家或省级审定，米质达到国标二级以上，生育期 125～135 天的株型紧凑、高产优质、抗病抗倒品种。种子质量符合 GB 4404.1—2008 水稻二级良种标准。

二、培育壮秧

1. 播种期 机械插秧适宜播种期为 5 月 15～20 日，旱育秧（包括塑料软盘旱育抛秧、无盘旱育抛秧、旱育手插秧）适宜播种期为 5 月 10～15 日。

2. 播种 每标准亩备秧盘 20 张，大田杂交稻用种量 1.25～1.50 千克；每盘干谷播量 75 克。在育秧前晒种 1～2 天；用 0.2% 的强氯精溶液或咪鲜胺浸种消毒 4～5 小时，然后用清水洗净，浸种 8～10 小时，催芽至破胸露白。播好的秧盘及时运送到温棚育秧，堆码 10～15 层盖膜进行暗化处理。无盘旱育秧苗床封闭除草每亩用 12% 的噁草酮乳油 100 毫升兑水 45 千克均匀喷雾，经 2～3 小时覆盖薄膜保温保湿，膜上再均匀盖一层麦秸秆或稻草。

3. 育秧管理 暗化 2～3 小时，出苗后送入温室秧架上或大棚秧床上育苗。通过天窗、换气扇、湿帘等设施，使棚内温度控制在 20～28℃，相对湿度控制在 80%～90%。齐苗后开始通风炼苗，一叶一心后逐渐加大通风量。盘土应保持湿润，如盘土发白、秧苗卷叶，早晨叶尖无水珠应及时喷水保湿。齐苗后喷施 2.5% 咯菌腈 1 500 倍稀释液，以防病促发根。移栽前喷施 1% 尿素水作为送嫁肥，并打好送嫁药，防好稻蓟马和二化螟。

4. 移栽

（1）移栽期。适宜移栽期为 6 月 5～15 日，秧龄 17～20 天、叶龄 3～4 叶时插秧。

（2）大田耕整。大田可采用机械耕整。化学肥料如全部磷肥、部分氮肥、钾肥或复混肥在耙田时施入，然后耙田和耘田。移栽前 2 天，耘田后灌水沉田，移栽前 1 天排水至表面留薄水层即可。稻田整理采用围埂法，即在靠近虾沟的田面围上一周高 30 厘米、宽 20 厘米的土埂，将环沟和田面分隔开。要求整田时间尽可能短，防止沟中小龙虾因长时间密度过大而造成不必要的损失。

三、大田栽插

1. 机械插秧 秧龄 17～20 天、叶龄 3～4 叶时插秧，移栽前大田平整后沉降 2 天左右，大田只留薄层水。插秧机插秧株行距调节至 14.6 厘米×30.0 厘米或 18.0 厘米×25.0 厘米左右，每亩插 1.5 万穴左右，每穴插 2～3 苗，保证基本苗 4 万～5 万，漏插率小于 5%，漂秧率小于 3%，伤秧率小于 5%，机插深度 1.5 厘米。

2. 人工栽插 人工栽插时宜采用宽行窄株移栽，行距 26 厘米左右，株距 17 厘米左右，每穴 2～3 苗，每亩基本苗 4 万～6 万（图 5-1）。

图 5-1 水稻种植

（李继福 摄）

第二节 田间管理

一、水稻施肥管理

1. 施肥原则 坚持"前促、中控、后补"的施肥原则，每亩化肥施用总量为纯 N 10～12 千克、P_2O_5 4～6 千克、K_2O 6～8 千克、ZnO 0.12 千克，禁止使用碳酸氢铵与氨水。

2. 基肥施用 每亩施纯 N $5\sim6$ 千克、P_2O_5 $4\sim6$ 千克、K_2O $3\sim4$ 千克、ZnO 0.12 千克左右。提倡施用有机肥或有机无机复混肥，根据有机肥或复混肥中速效养分含量折算相应的大田基肥施用量，补充部分用量不足的单质肥料，也可每亩施入复合肥 $40\sim45$ 千克。

3. 分蘖肥施用 机械插秧稻田在移栽后 $5\sim7$ 天追施返青肥，每亩施尿素 $4\sim5$ 千克；移栽后 10 天左右，追施第二次分蘖肥，每亩施尿素 $5\sim7.5$ 千克。

4. 穗肥施用 晒田复水后，每亩施氯化钾 $3\sim4$ 千克；根据苗情和叶色每亩追施尿素 $3\sim5$ 千克。苗数足、叶色深的少施或不施；苗数不足、叶色偏浅的适当加大施用量。

二、稻田水分管理

3 月稻田水位控制在 30 厘米左右；4 月中旬以后，稻田水位应逐渐提高至 $50\sim60$ 厘米；6 月插秧后，分蘖前期做到薄水返青、浅水分蘖；晒田复水后湿润管理，孕穗期保持 $3\sim5$ 厘米水层；抽穗以后采用干湿交替管理，抽穗至灌浆期遇高温灌 $6\sim9$ 厘米深水调温；收获前 $7\sim10$ 天断水。当总茎蘖数达到预计穗数的 80% 左右（每亩 13 万~15 万）时，或在 7 月 5 日左右自然断水落干晒田，虾沟水位与大田落差在 15 厘米以上，反复多次轻搁至田中不陷脚、叶色落黄褪淡即可。

越冬期前的 $10\sim11$ 月稻田水位控制在 30 厘米左右，使稻蔸露出水面 10 厘米左右；越冬期间水位控制在 $40\sim50$ 厘米。晒田总体要求是轻晒或短期晒，即晒田时，使田块中间不陷脚、田边表土不裂缝和发白。田晒好后，应及时恢复原水位，尽可能不要晒得太久，以免环沟小龙虾因长时间密度过大而产生不利影响。

三、水稻收获

水稻黄熟末期（稻谷成熟度达 90% 左右）收获。留桩高度

30 厘米左右，秸秆全部还田。排水时应将稻田的水位快速的下降到田面 5～10 厘米，然后缓慢排水，促使小龙虾在环形沟和田间沟中掘洞。最后环形沟和田间沟保持 10～15 厘米的水位，即可收割水稻。

第三节　病虫草害防治

稻虾轮作期间，水稻病虫害防治措施以绿色、无污染方式为主，减少化学药剂使用，禁止使用违规药剂。

一、水稻害虫防治

1. 物理防治　每 2 公顷安装一盏功率为 15 瓦的杀虫灯，诱杀成虫，减少农药使用量。

2. 生物防治　利用和保护好害虫天敌，使用性诱剂诱杀成虫，使用杀螟杆菌及生物农药 Bt 粉剂防治螟虫。

3. 化学防治　防治稻蓟马、二化螟、稻飞虱、稻纵卷叶螟等害虫，应严格遵守 NY/T 393—2013 的规定，大田禁止使用有机磷、菊酯类和高毒、高残留杀虫剂，防治时期及方法见表 5-1。

二、水稻病害防治

水稻病害防治，主要是防治纹枯病、稻瘟病、稻曲病等病害，应严格遵守 NY/T 393—2013 的规定，防治时期及方法见表 5-1。

三、水稻草害防治

水稻移栽后 7 天内，每亩选用 50％二氯喹啉酸粉剂 30 克或 90％禾草丹乳油 125 克拌细土或尿素撒施防除稻田杂草，药后大田与虾沟不串水，大田禁用对小龙虾有毒的氰氟草酯、噁草酮等除草剂（表 5-1）。

表 5-1 稻田病虫害防治时期、药剂及使用方法

病虫害	防治时期	防治药剂及每亩用量	施药方法
稻蓟马	秧田卷叶株率15%，百株虫量200头；大田卷叶株率30%，百株虫量300头	吡蚜酮4~5克；螺虫乙酯3.5~5克	喷雾
稻水象甲	百蔸成虫30头以上	氯虫苯甲酰胺2克	喷雾
稻飞虱	卵孵高峰至二龄若虫期	吡蚜酮4~5克；噻虫嗪1~1.5克；噻嗪酮7.5~12.5克	喷雾
稻纵卷叶螟	卵孵盛期至二龄幼虫前	氯虫苯甲酰胺2克；苏云金杆菌（8 000单位/毫克）250~300克	喷雾
二化螟、三化螟、大螟	卵孵高峰期	氯虫苯甲酰胺2克；苏云金杆菌（8 000单位/毫克）250~300克	喷雾
稻瘟病	苗瘟与叶瘟在发病初期，穗颈瘟在破口抽穗期及齐穗期	春雷霉素1.2~1.8克；1 000亿活芽孢/克；枯草芽孢杆菌20克；丙环唑5~10克	喷雾
纹枯病	发病初期	井冈霉素10~12.5克；1 000亿活芽孢/克；枯草芽孢杆菌20克	喷雾
稻曲病	破口前3~5天，齐穗期	春雷霉素1.2~1.8克；1 000亿活芽孢/克；枯草芽孢杆菌20克；丙环唑5~10克	喷雾

第六章　稻虾田养分管理

稻虾共作模式中水稻秸秆全量还田，能明显提高土壤肥力，改善土壤性状，且共作时间越长效果越明显。小龙虾活动为水稻增肥、除草、松土，水稻为小龙虾供饵、遮阴、避害，减少使用农业投入品，形成了互惠互利的共生循环农业模式，提高了稻米和龙虾的产量及质量，实现绿色环保和经济效益双丰收。因此，稻虾共作的施肥技术与常规单季种植区别很大，必需推广减量施肥模式，才能确保水稻稳产，若施肥不当则会造成水稻贪青晚熟，小龙虾繁殖率降低，效益减少。

第一节　稻虾田水体控制

一、小龙虾对水质的要求

（1）pH。7.5～9.0。

（2）溶氧量。>5 毫克/升。

（3）亚硝酸盐。<0.03 毫克/升。

（4）氨氮浓度。<0.1 毫克/升。

（5）水质硬度。50～100 毫克/升。

二、施肥管理

施肥坚持前促、中控、后补原则，总肥量为纯 N 180～210 千克/公顷、P_2O_5 75～105 千克/公顷、K_2O 120～150 千克/公顷。不可使用对小龙虾有害的含氨肥料。

三、水位控制

稻虾田水位控制十分重要，生产实践证明：4～6 月和 8～9 月小龙虾起捕季节，小龙虾品质等级与水位深度呈正相关。因此水位的管理既要满足小龙虾的生长需要，也要符合水稻的生长要求。常规水位调控方法如下。

（1）3月至4月上旬。为提高稻虾田水温，促进小龙虾出洞觅食，宜降低水位，大田水位控制在0.1～0.2米，虾沟水位控制在0.4～0.5米。

（2）4月中旬至6月上旬。气温回升，稻田水温逐步上升，应增加稻虾田蓄水量，既有利于微生物、水草等饵料的繁衍，又可改善水体环境质量，有利于小龙虾的生长，稻田蓄水0.3～0.4米，虾沟蓄水0.6～0.7米。

（3）6月中下旬。捕捞结束，开厢起垄做厢种稻，活泥抛秧，浅水活棵，稻田水位保持2～3厘米，促进水稻扎根活棵。

（4）7月。水稻处于返青至拔节期，前期适当蓄水0.1～0.2米，让小龙虾进入大田觅食，后期以露田为主兼顾水稻晒田控蘖要求，利于水稻生长。

（5）8～9月。水稻进入孕穗期和开花期，可提高蓄水深度，大田水位可蓄至0.3～0.4米。9月水稻进入乳熟期，可逐步降低水位露出田面，迫使小龙虾进入虾沟，为水稻收割做准备。

（6）10～11月。水稻收割后，可适当加深水位，但必须使稻蔸露出水面0.1米左右，既可使部分稻蔸再生，提供小龙虾新鲜草料，又可避免因稻蔸全部淹没腐烂，至水质过肥缺氧而影响小龙虾的生长。

（7）12月至翌年2月。小龙虾处于越冬期间，宜提高稻田水位，蓄水0.3～0.4米，以深水保温，有利于小龙虾安全越冬（图6-1）。

图6-1　水稻播种前放水整田
（蔡晨　摄）

第二节　稻虾田肥力变化特征

与传统的中稻单作模式相比，稻虾共作模式不仅提高了农田资源的利用率，增强了稻田生态系统的稳定性及其抗外界冲击的能力，而且促进了系统中物质就地循环，阻止了稻田能量流的外溢，改善了稻田的生态结构与功能。在稻虾共作模式中，小龙虾的掘穴活动提高了土壤通透性，使水中的养分物质和溶解氧到达土壤底层，扰动了土壤氧化还原界面，改变了土壤微生物的群落结构和组成，提高了土壤有机碳转化以及养分的释放速率；另外稻田四周所挖的用于小龙虾躲避的环形沟，降低了潜育性稻田耕层的水位，加速了土壤与空气的交换，减轻了耕层土壤还原状况（图6-2）。

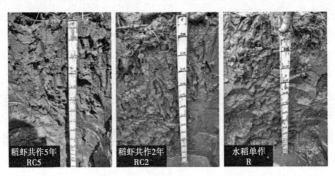

图6-2　稻虾共作土壤剖面

（曹凑贵等，2017）

传统稻田水分循环是开放式的，稻田保持一定水层，分蘖后期、成熟期排水晒田，平时水多即排、水少即灌，水分利用率不高；稻虾共作稻田养殖沟周年蓄水，与田面水沟通，整体储水功能增强，沟渠联通、排蓄结合，水分循环是封闭式的，水稻生产所需的排水和灌水主要来自养殖沟。地下水位高的低湖田、落河田实行稻田种养，水分利用率提高；地下水位低的灌溉稻田、丘陵岗地的垄田、山垄田实行稻田种养，有利于稻田蓄水，提高了水分利用效率，一些丘陵地区采用稻虾共作，每公顷稻田蓄水量可增加 3 000 米³，大大增强了抗旱能力。地下水位低的高磅地、沙壤土、漏水田、滩涂地等实行稻虾共作会增加水分消耗，地下水位低的灌溉稻田增加耗水量 50%～80%，一些水源不充足的丘陵岗地不宜实施稻虾共作。沟渠、水网不完善的稻田养殖系统水分利用率也会下降。同时，大面积的田间养殖工程系统则会影响区域水文循环和水分利用，这种影响不容忽视。

稻虾共作要求水体透明度在 30～40 厘米，水体过肥可导致纤毛虫大量繁殖和生长，为害小龙虾的生长。稻田动物的活动及其新陈代谢影响水体的溶氧量和养分，稻—鱼和稻—鸭模式的稻田水体溶解氧含量分别比水稻单作增加 56.0% 和 54.0%。稻虾共作的生态种养模式，也减少了农药化肥的施用量，减轻了由于重施农药、化肥造成的农田环境污染。

但实际生产中，由于秸秆还田和饲料的投入，稻虾共作田田面水的全氮和全磷含量及硝态氮、氨态氮含量都高于水稻单作田，实际生产中农民比较重视虾的产量，往往投放较多的饲料，所以稻虾共作有利于提高水体养分含量，但同时也增加了水体富营养化的风险。

稻虾共作模式提高了水稻每穗总粒数以及稻谷产量，增量率为 5.2%；长期稻虾共作模式下稻田土壤肥力变化特征研究表明，稻虾共作模式提高了水稻地上部氮素、磷素和钾素养分累积量及其农学利用率，且地上部的养分累积量中钾素＞磷素＞氮素。

稻虾共作系统和中稻单作系统均表现为碳汇，且稻虾共作系统固碳潜力大于中稻单作系统，增幅为 6.4%。稻虾共作系统中土壤子系统氮盈余，而磷则出现亏缺，而中稻单作系统中土壤子系统氮和磷均呈出现亏缺；小龙虾子系统中碳、氮和磷的输出/输入值介于 0.51～0.65，且以氮的输出/输入值最高；稻虾共作系统中氮和磷的输出/输入值均小于中稻单作系统，表明稻虾共作系统中氮和磷盈余量均高于中稻单作系统，有利于土壤中氮和磷的累积。

第三节　稻虾田水草管理

小龙虾的养殖模式基本相近，其中种植水草以及水草的管理是养殖成功的一个极为重要的决定因子。种植水草种类主要为伊乐藻（图6-3）、轮叶黑藻、苦草和菹草，辅助有黄丝草、水花生等。近几年，水草问题已经是困惑养殖户的核心问题，水草衰败、烂死、夹浮、泥附等问题让养殖户头疼，加上怕影响龙虾以及水草、藻相而不敢乱用药物，常常是出现水草问题后束手无策。

图6-3　伊乐藻

（徐茵　摄）

一、水草管理注意事项

种植水草要做到：

1. 科学控制水草密度，及时割除多余水草　水草在池塘中的生长过程就是一个吸收水体中有害物质的过程，然而作为载体的池塘对水草来说也有负荷限值，一旦水草数量超过这个负荷限值，水草白天光合作用产生的氧气无法满足夜间自身的氧气消耗，水草就会老化死亡。割草的原理就是割除老化水草，促进新生水草生长。总之保持池塘水草占比不超过30%，水草区域中间应该有水道，水道宽度保持2米左右。

2. 不放养食草鱼类，不适用水草抑制药物　一些食草鱼类确实可以消耗过多的水草，但养殖户往往无法控制水草长势和食草鱼类，是一个不安全因素。绝大部分的养殖户已经不再放养食草鱼类。而水草抑制药物通常对水体藻类也有干扰，容易坏水和缺氧。同时对在水草中蜕壳的小龙虾和青虾也有毒性作用。

3. 泥浆草是水体老化的体现　出现泥浆草一般都是水体老化，过多有机质附着水草上。处理起来也非常简单，首先使用腐殖酸钠去除水草泥浆并能激活水草再次生长，然后使用微生物制剂调节水质，降低水体有机质，改善水体藻相，同时使用生物改底药物，分解泥质中的有机物，三管齐下。同时也要注意水草夹浮现场，夹浮过多表明投喂饵料不足或者不合口，结合水质检测分析对症下药。

二、水草长势

此外，养殖户也可以通过水草的长势来判断水质状况。

1. 水草过稀

（1）水质老化混浊引起。

①具体表现。水草上附着大量黏滑浓稠污泥物。

②应对措施。换水或调水使水质澄清。

（2）大量投饵或施放生物肥导致底质过肥而引起。

①具体表现。水草根部腐烂、霉变。

②应对措施。及时捞出已死亡的水草；用解毒产品进行处理，消除池塘底部氨氮、硫化氢等侵害水草根部的有毒有害物质，同时泼洒菌种（配合增氧）分解腐烂的水草；投喂大蒜素、护肝药物、多种维生素，以防止小龙虾误食腐烂霉变的水草而中毒。

（3）病虫害引起。

①具体表现。春夏之交可观察到飞虫幼虫啃食水草。

②应对措施。切忌不可使用菊酯类杀虫剂；大蒜素与食醋混合后喷洒在水草上。

（4）小龙虾割草引起。

①具体表现。小龙虾用螯足将水草切断。

②应对措施。若大量水草被割断，一种可能是小龙虾未吃饱，此时需加大饲料投喂量，也可投放一定量的螺蛳；另一种可能就是

发病的前兆。

2. 水草过密

（1）原因。养殖中后期，光照增强，温度升高，池水变肥，导致水草容易过度生长。

（2）应对措施。按照一定的间隔，分条状人工打捞清除；分多次缓慢加深池水，淹没草头 30 厘米以上（注意：若一次加水太多，效果适得其反，这是因为水草没有一个适应过程，容易大量死亡，败坏水质）。

3. 水草老化

（1）原因。水中营养元素不足。

（2）具体表现。水草叶子发黄、枯萎。

（3）应对措施。对水草进行"打头"或"割头"处理；补施培藻养草专用肥（不耗氧、易吸收），也可采用有机肥或化肥。

第四节　水体氨氮管理

一、氨氮的形式

氨氮以两种形式存在于水中：一种是氨（NH_3），又称非离子氨，脂溶性，对水生生物有毒；另一种是铵（NH_4^+），又称离子氨，对水生生物无毒。当氨（NH_3）通过鳃进入水生生物体内时，会直接增加水生生物氨氮排泄的负担，氨氮在血液中的浓度升高，血液 pH 随之相应上升，水生生物体内的多种酶活性受到抑制，并可降低血液的输氧能力，破坏鳃表皮组织，降低血液的携氧能力，导致氧气和废物交换不畅而窒息。此外，水中氨浓度高也影响水对水生生物的渗透性，降低内部离子浓度。

影响水体氨氮毒性的因素有：①TAN。TAN 中非离子氨具有很强的毒性。②pH。每增加一单位，NH_3 所占的比例约增加 10 倍。③温度。在 pH 7.8～8.2 范围内，温度每上升 10℃，NH_3 的比例增加 1 倍。④溶氧。较高溶氧有助于降低氨氮毒性。⑤盐度。盐度上升氨氮的毒性升高。

二、氨氮消除途径

目前，水体中氨氮的消除途径主要分以下几种：

1. 硝化和脱氮　氨（NH_3）被亚硝化细菌氧化成亚硝酸，亚硝酸再被硝化细菌氧化成硝酸，称为硝化作用。硝化作用需要消耗氧气，当水中溶氧浓度低于 $1\sim2$ 毫克/升时硝化作用速度明显降低。在水中溶氧缺乏的情况下，反硝化细菌能将硝酸还原为亚硝酸、次硝酸、羟胺或氮时，这种过程称为硝酸还原。当形成的气态氮作为代谢物释放并从系统中流失时，就称之为脱氮作用。

2. 藻类和植物的吸收　因为藻类和水生植物能利用铵（NH_4^+）合成氨基酸，所以藻类对氨氮的吸收是池塘中氨氮去除的主要方法，冬天藻类的减少和死亡会使水中的氨氮含量明显上升。

3. 挥发及底泥吸收　在池塘中氨氮浓度高、pH 高、采取增氧措施、有风浪、搅动水流等情况下，都会有利于氨氮的挥发。底泥土壤中的阴离子可以结合铵离子（NH_4^+），在拉网或发生类似的引起底部搅动的操作时，池底沉积物会暂时悬浮在水中，铵离子（NH_4^+）就会被释放出来。

4. 矿化及回到生物体内　所谓矿化，即部分氨氮以有机物的形式存在于池底土壤中。这些有机物质分解后又回到水中，分解速度依赖于温度、pH、溶氧及有机物的数量和质量。进入水生动物体内即当水中氨氮浓度高时，氨（NH_3，而不是 NH_4^+）能通过鳃进入水生生物体内。

三、水体氨氮的控制

1. 清淤、干塘　每年养殖结束后，进行清淤、干塘，曝晒池底，使用生石灰、强氯精、漂白粉等对池底彻底消毒，可去除氨氮，增强水体对 pH 的缓冲能力，保持水体微碱性。

2. 加换新水　换水是最快速、有效的途径。要求加入的新水水质良好，新水的温度、盐度等尽可能与原来的池水相近。

3. 增加池塘中的溶氧　在池塘中使用"粒粒氧""养底"等池

塘底部增氧剂，可保持池塘中的溶氧充足，加快硝化反应，降低氨氮的毒性。

4. 加强投饲管理　选用优质蛋白原料，使用具有更高氨基酸消化率的饲料，避免过量投喂，提高饲料的能量、蛋白比，并在饲料中定期添加 EM 菌及活性干酵母可调整水生生物肠道菌群平衡，产生酵母菌素，通过改善水生生物对饲料的利用率而间接降低水中氨氮等有害化学物质的含量。

5. 在池塘中定期施用水体用微生态制剂　在养殖过程中定期使用"光合细菌""降氨灵"等富含硝化细菌、亚硝化细菌等有益微生物菌的水体用微生态制剂，并配合抛洒"粒粒氧"等池塘底部增氧剂，增加池底溶氧，直接参与水体中氨氮、亚硝酸盐等的去除过程，将有害的氨氮氧化成藻类可吸收利用的硝酸盐。

6. 其他措施　合理的放养密度；定期检测水质指标；施用沸石粉吸附氨氮（1 克沸石可除去 8.5 毫克总氨氮）；多开增氧机；使用磷肥来刺激藻类生长，吸收氨氮；控制水体 pH 在 7.6～8.5，不让池塘的 pH 过高。

第七章　稻虾共作生态种养规范

第一节　田间工程规范

一、田间设施建设

稻田养虾有别于单纯的稻田耕作，需进适当的田间设施建设。根据当地地处山区，田块狭小，大部分田块土层不深，在从离田埂1米开环形养虾沟处取土费时费力的现实情况，在旱冬田灌水湿润土壤、浸水田排干田水后，先在田埂近处取土修筑夯实离田面高0.5～0.6米、顶部宽为1米的田埂，然后再灌水进行翻耕耙田，耙田后排水露干至1～2厘米，使浮土稍有沉实，在离田埂、后坎1米处四周挖宽1米、深60～70厘米的养虾沟，视田块形状、大小在田内挖与养虾沟相通的宽50～60厘米、深30～40厘米的"井"字形或"十"字形田间沟，挖沟后，露干至次日灌浅水趟平田面。

在挖沟时，根据田间水利设施状况，在稻田相对两角设置进水口和排水口，以便在养殖过程中稻田进水、排水的流畅，并在进水、排水口处装置20目左右的铁丝网或双层密网；于投放小龙虾前在田埂上用离地面50厘米的硬质钙塑板或石棉瓦设置围栏，以免小龙虾外逃和敌害入侵，为小龙虾的生长创建舒适而安全的环境条件（图7-1）。

二、消毒培肥

修筑田埂应在稻田翻耕、开挖养虾沟前进行，以便田埂有一个干固过程。为了延长小龙虾放养时间、提高单位产量，稻田耕耙可提早至3月下旬进行，耙田1～2天后排水至不见水层，开挖养虾

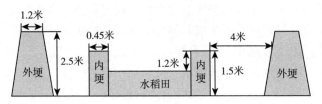

图 7-1 稻虾共作田间工程示意

（改编自曹凑贵等，2017）

沟和田间沟，开沟后次日灌浅水趟平田面后，田面灌水 5～6 厘米，每亩用生石灰 125～150 千克或漂白粉 7 千克、晶体敌百虫 0.5 千克加敌杀死 50 克在水中化解兑水进行全田泼浇消毒。经过 7 天左右的消毒，到投放小龙虾前的 7～10 天，每亩施腐熟畜禽粪肥 400～500 千克，或菜饼、豆饼 80～100 千克经发酵后使用，之后随着水位的加深和小龙虾长大，逐次增加粪肥用量，以培肥水质，培养枝角类、桡足类等动物生长，为小龙虾提供天然活饵，丰富自然食物来源。

第二节 水稻种植规范

一、水稻种植

1. 水稻品种选择 在稻虾共作养殖模式下，应选择耐肥能力强、茎秆粗壮、生育期适中且抗性强的水稻品种，如黄华占、香两优 1 号、晶两优华占、隆两优华占等。

2. 种植环境选择 要求有很好的排灌条件，地势广阔平坦，土壤肥沃，稻田内的保水性要佳。

3. 水稻移栽 当水稻秧苗高为 25～30 厘米时即可分苗，6 月中下旬移栽，株行距为 50 厘米×50 厘米左右，稻秧每隔几行适当留一片空白水域，便于水体流动，避免水稻植株遮挡过多的阳光，为虾的生长提供良好的氧气、光照条件。

4. 田间管理 稻虾养殖采取原生态模式，不喷农药、不施肥，利用虾捕食稻田中的部分害虫及虫卵，同时虾捕食后产生的残饵及其排泄物可以满足水稻生长对养分的需求。虾刚放养至稻田时，宜留浅水，深度控制在 10 厘米即可，移栽后 1～2 周开始晒田，切记要轻晒，不可全部排干田间水，保留田面有水。复水后，田间水层逐渐加深到 20～30 厘米，为虾及水稻植株的生长提供足够的水分。

5. 收获 水稻收获时适当留茬，高度控制在约 10 厘米，稻草还田，之后田间灌水，深度以淹没稻茬为宜，一般在 40～50 厘米即可，并根据实际情况适当施入肥料，为稻草的发酵提供条件，促使田间产生大量供虾食用的浮游生物，且为稻茬的尽快返青打好基础，还可以为虾的日常活动提供一定的遮阴场所。

二、病虫草害防治

1. 物理防治 每 2 公顷安装一盏功率为 15 瓦的杀虫灯，诱杀成虫，减少农药使用量。

2. 生物防治 利用和保护好害虫天敌，使用性诱剂诱杀成虫，使用杀螟杆菌及生物农药 Bt 粉剂防治螟虫。

3. 化学防治

（1）害虫防治。防治稻蓟马、二化螟、稻飞虱、稻纵卷叶螟等害虫，严格遵守 NY/T 393—2013 的规定，大田禁止使用有机磷、菊酯类和高毒、高残留杀虫剂。

（2）病害防治。主要是防治纹枯病、稻瘟病、稻曲病等病害。

（3）草害防治。水稻移栽后 7 天内，每亩选用 50％二氯喹啉酸粉剂 30 克或 90％禾草丹乳油 125 克拌细土或尿素撒施防除稻田杂草，药后大田与虾沟不串水。大田禁用对小龙虾有毒的氰氟草酯、噁草酮等除草剂。

第三节 小龙虾养殖规范

一、小龙虾的放养及管理

1. 开挖养殖虾沟 1～2 月时在稻田内的田埂内侧挖沟（深 60～

80 厘米、宽 4 米），沟的形状为 L 形或者 "一" 字形均可，并将挖出来的土垫在田埂的上面，起到加高、加固田埂的作用，一般要求田埂的高度比稻田高度高 60～80 厘米；虾沟、田间要用生石灰消毒，并在消毒后 10 天左右每隔 2 米栽植 1 种藻类。

2. 放养虾　每年的 3～4 月，田间的水草逐渐扎根发芽，此时可将虾苗投放到沟、田中，一般在适期内投放的时间越早越好，投放密度在 7.5 万～9.0 万尾/公顷，并用提前浸泡好的植物性蛋白饵料（玉米等）投喂虾。

3. 加强巡查管理　每天早晚都要在田间巡查 1 次，对稻田内水的颜色及虾的活动情况等进行观察，及时将虾沟清理干净，避免发生堵塞现象；田间灌溉水源的水质要定期监测，确保其安全无污染；每天结合天气情况及虾的生长情况调整田间水深，确保田间水温适宜；为了提高田间水层中的氧气含量，可合理搭配微孔增氧机（在水底层起到增氧作用）、水车式增氧机（对水体表面起搅动作用，增加水体流动）等，维持水中溶解氧浓度处于较高水平，促进虾的生长。

4. 及时捕捞　在小龙虾长到合适大小时用地笼（网眼大小在 0.3～0.7 厘米）进行捕捞；捕捞时先排水至露出田面，此时小龙虾会全部转入深水沟中，再将地笼放入沟中进行捕捞。

二、小龙虾饲养管理

1. 投饲　8 月底投放的亲虾除自行摄食稻田中的有机碎屑、浮游动物、水生昆虫、周丛生物及水草等天然饵料外，宜少量投喂动物性饲料，每日投喂量为亲虾总重的 1%。12 月前每月宜投一次水草，水草每亩用量为 150 千克。每周宜在田埂边的平台浅水处投喂 1 次动物性饲料，投喂量一般以虾总重量的 2%～5% 为宜，具体投喂量应根据气候和虾的摄食情况整。

当水温低于 12℃时，可不投喂。翌年 3 月份，当水温达 16℃以上，每个月投二次水草，水草每亩用量为 100～150 千克，每周投喂 1 次动物性饲料，每亩用量为 0.5～1.0 千克。每日傍晚还应投喂 1 次人工饲料，投喂量为稻田存虾重量的 1%～4%。可用的饲料有饼粕、麸皮、米糠、豆渣等。

2. 栽种水草

(1) 水草种类。小龙虾食性杂，尽管偏动物性，但在动物性饲料不足的情况下，也吃水草来充饥。小龙虾摄食的水草有冷季草（伊乐藻、水花生草）、热季草（轮叶黑藻、苦草）及凤眼莲和水浮莲等。水草同时是虾隐蔽、栖息的理想场所，也是虾蜕皮的良好场所。在水草多的池塘养虾成活率高。

(2) 水草品种搭配。一般以沉水植物和挺水植物为主，浮叶和漂浮植物为辅；多栽龙虾喜食的苦草、轮叶黑藻、金鱼藻；虾沟水草覆盖率应该保持在 50% 左右，种类在 2 种以上；常见草类有伊乐藻、苦草和轮叶黑藻等。伊乐藻为早期过渡性和食用性水草，苦草为食用和隐藏性水草，轮叶黑藻为长期管用的主打水草。

(3) 水草栽种方式。可采用栽插法（放养前）或踩栽、抛入法（浮叶植物）、播种法（种子发达、苦草）、移栽法（挺水植物）、培育法、捆扎法等。主要在虾种放养前栽种，也可随时补栽，水生植物的生长面积控制在水面的 1/4 以内。

(4) 水草栽前准备。对已经养殖小龙虾 1 年以上稻田，需将虾沟消毒清整，排干水，每亩用 150～200 千克生石灰化水趁热泼洒，清除野杂。对当年开挖的稻田，只需清理沟内塌陷泥土，施足基肥，在投苗前 5～7 天栽。水草进池前须用 50 千克水溶 0.5 千克生石灰的溶液浸泡。

三、科学投喂环节

1. 稚虾和虾种阶段 主要摄食轮虫、枝角类、桡足类及水生昆虫幼体，因而应通过施足基肥、适时追肥，培养大量轮虫、枝角类、桡足类及水生昆虫幼体，供稚虾和虾种捕食，同时辅以人工投饵。8～9 月是小龙虾快速生长阶段，则应以投喂麦麸、豆饼及嫩的青绿饲料、南瓜、山芋、瓜皮等为主，辅以动物性饵料。5～6

月是小龙虾亲虾性腺发育的关键阶段，而8～9月则是小龙虾积累营养准备越冬阶段，此时应多投喂动物性饵料，如鱼肉、螺蚬蚌肉、蚯蚓及屠宰场的动物下脚料等，从而充分满足小龙虾生长发育对营养的要求。

2. 根据小龙虾习性合理投食　小龙虾具有昼伏夜出的习性，夜晚出来活动觅食。小龙虾还具有贪食和相互争食的特点，因而在饵料投喂上，通常每天可投喂2次，以傍晚1次为主，投喂量要占全天投喂量的70%。小龙虾的游泳能力较差，活动范围较小，且具有占地的习性，故饵料的投喂又要采取定质、定量、定时、定点的方法，投喂均匀，使每只虾都能吃到，避免争食，促进其均衡生长。

3. 按照天气、水质等情况合理投饵　在水温20～32℃、水质状况良好的条件下，小龙虾的摄食量相当旺盛。通常鲜活饵料的日投饵量可按在池小龙虾体重的8%～12%安排，干饵料或配合饲料则为3%～5%。小龙虾的摄食强度又直接受水温、水质等环境因素所制约，因而每天的投饵量还要根据天气、水质及小龙虾的活动吃食情况，加以合理调整。总的原则是，天气晴朗、水质良好，小龙虾活动、吃食旺盛，应多投饵，而高温、阴雨天气或水质过浓，则应少投饵；大批小龙虾蜕壳时，应少投，蜕壳后则应多投饵；小龙虾生长旺季应多投饵，发病季节或龙虾活动不太正常时少投饵，从而提高饵料的利用率。

4. 投饵要精粗饲料合理搭配　一般按动物性饲料40%、植物性饲料60%来配比。前期每天上午、下午各投喂1次，后期在傍晚投喂1次，日投饵量为虾体重的3%～5%。坚持检查虾摄食情况，当天投喂2～3小时吃完，说明投饵量不足；如果第二天还有剩余，则说明投饵过多。冬季3～5天投饵1次直至不投喂。每隔15～20天可以泼洒1次生石灰水，每亩用生石灰10千克。一方面维持稻田pH在弱碱状态，另一方面促进小龙虾正常生长与蜕壳。在蜕壳前，也可以投喂含有钙质和蜕壳素的配合饲料，促进小龙虾集中蜕壳。蜕壳期间，投喂饵料一定要适口，以促进小龙虾的生长和防止其互相残杀。

四、稻田养殖小龙虾水质管理

龙虾耐低氧能力很强，且可直接利用空气中的氧气，过肥的水质也能生存。

1. 调控好水质 保持水沟溶氧在 5 毫克/升以上，pH 为 7 以上，透明度约 40 厘米，每 15～20 天换一次水，每次换水 1/2；每 20 天泼洒一次生石灰水，每次每亩用量约 10 千克，用以调节水质，以利于小龙虾的蜕壳。

2. 调整好水位 稻田养殖小龙虾水位要注意保持稳定，不宜忽高忽低；通常水沟水深保持在 1 米左右，高温季节和小龙虾越冬期水位可深一些，以免影响小龙虾的生长。

3. 日常管理 养殖小龙虾，日常管理是一项长期艰巨而又细致的工作，必须持之以恒。

4. 坚持巡田检查 坚持每天早晨或傍晚巡回检查 1 次，观测稻田水质变化，了解龙虾吃食活动状况，搞好饵料投喂量的调整；清理养殖环境，发现异常及时采取对策。

5. 注意水质变化 严防水质受到工业污染、农药污染等。当水中溶氧低、水质老化，或遇闷热、连续阴雨等天气时，应减少投饵量或停投；若发现龙虾反应迟钝，游集到岸边，浮头并向岸上爬，说明缺氧严重，要及时注水或开增氧机增氧。经常加注新水，保持池水清洁卫生；定期用生石灰消毒虾池；在虾的饲料中添加多种维生素，增强虾的免疫能力。

第四节　水稻和小龙虾收获规范

水稻黄熟末期（稻谷成熟度达 90％左右）收获。留桩高度 30 厘米左右，秸秆全部还田。排水时应将稻田的水位快速的降至田面 5～10 厘米，然后缓慢排水，促使小龙虾在环形沟和田间沟中掘洞。最后环形沟和田间沟保持 10～15 厘米的水位，即可收割水稻。

　　稻田养殖小龙虾，经过 2 个月左右的饲养，就有部分成虾达到商品规格，随之即可分批捕捞上市。捕捞时将地笼网或虾笼于夜间置于虾沟内，次日清晨收集取虾；也可用抄网在虾沟中来回抄捕，捕大留小，将达到商品规格的收集上市，未达到商品规格的继续回放田内留养。在小龙虾的繁殖高峰期内禁止捕捞，在华东地区 80％以上的虾苗在 10～12 月孵出，故而，期间应禁止捕捞，以免影响其持续繁衍生长（图 7-2）。

图 7-2　水稻收获后冬季景象
（蔡威威　摄）

第八章 稻虾生态种养案例

近年来，小龙虾消费旺盛，市场需求量逐年增加。由于小龙虾养殖周期短、投资少、见效快，使得小龙虾养殖得到快速发展。长江中下游地区的湖北、湖南、江苏、浙江、安徽等省份均有大规模种养，其中，以湖北、江苏、湖南三省的生产技术集成较为典型，我们对其进行详细介绍，以供种植户参考。

第一节 湖北省稻虾共作生产技术

一、养虾稻田环境条件

1. 地理环境 养虾稻田应是生态环境良好，远离污染源，保水性能好，不受洪水淹没，有毒有害物质限量符合相关标准要求的稻田。

2. 水质 水源充足，排灌方便，水质应符合 GB 11607—1989 和 NY 5051—2001 的要求。

3. 面积 面积大小不限，一般以 50 亩为一个单元为宜。

二、稻田改造

1. 挖沟 沿稻田田埂外缘向稻田内 7～8 米处开挖环形沟，堤脚距沟 2 米开挖，沟宽 3～4 米，沟深 1～1.5 米。稻田面积达到 50 亩以上的，还要在田中间开挖"一"字形或"十"字形田间沟，沟宽 1～2 米，沟深 0.8 米，坡比 1∶1.5。

2. 筑埂 利用开挖环形沟挖出的泥土来加固、加高、加宽田埂。加固田埂时每加一层泥土都要进行夯实。一般田埂应高于田面 0.6～0.8 米，顶部宽 2～3 米。

3. 防逃设施　稻田排水口和田埂上应设防逃网。排水口的防逃网应为 8 孔/厘米（相当于 20 目）的网片，田埂上的防逃网可用水泥瓦、防逃塑料膜制作，防逃网高 40 厘米。

4. 进排水设施　进、排水口分别位于稻田两端，进水渠道建在稻田一端的田埂上，进水口用 20 目的长型网袋过滤进水，防止敌害生物随水流进入。排水口建在稻田另一端环形沟的低处。

三、投放幼虾养殖模式

每年 9～10 月中稻收割后，稻田应立即灌水，每亩投放规格为 1.0 厘米的幼虾 1.5 万～3.0 万尾，投放幼虾养殖模式，经幼虾培育和成虾养殖两个阶段养成商品虾。

1. 幼虾培育场地　在稻田中用 20 目的网片围造一个幼虾培育区，每亩培育区培育的幼虾可供 20 亩稻田养殖。稻田水深应为 0.3～0.5 米。培育区内移植水草，水草包括沉水植物（苴草、眼子菜、轮叶黑藻等）和漂浮植物（水葫芦、水花生等）两部分，沉水植物面积应为培育池面积的 50%～60%，漂浮植物面积应为培育池面积的 40%～50% 且用竹筐固定。有稻茬的可只移植漂浮植物，供幼虾栖息、蜕壳、躲藏和摄食。肥水，幼虾投放前 7 天，应在培育区施经发酵腐熟的农家肥（牛粪、鸡粪、猪粪），每亩用量为 100～150 千克，为幼虾培育适口的天然饵料生物。

2. 幼虾质量　幼虾规格整齐，活泼健壮，无病害。

3. 幼虾投放

（1）幼虾运输。幼虾采用双层尼龙袋充氧、带水运输。根据距离远近，每袋装幼虾 0.5 万～1.0 万尾。

（2）投放时间。幼虾投放应在晴天早晨、傍晚或阴天进行，避免阳光直射。

（3）投放密度。培育区每亩应投放规格为 1.0 厘米的幼虾 30 万～60 万尾。

（4）注意事项。包装、运输、投放幼虾时应避免离水操作，幼虾运到培育区应进行泡袋调温，温差不超过 2℃。

4. 幼虾培育阶段的饲养管理

（1）投饲。幼虾投放第一天即投喂鱼糜、绞碎的螺蚌肉、屠宰厂的下脚料等动物性饲料。每日投喂 3～4 次，除早上、下午和傍晚各投喂一次外，有条件的宜在午夜增投一次。日投喂量一般以幼虾总重的 5%～8% 为宜，具体投喂量应根据天气、水质和虾的摄食情况灵活掌握。日投喂量的分配：早上 20%，下午 20%，傍晚 60%；或早上 20%，下午 20%，傍晚 30%，午夜 30%。

（2）巡池。早晚巡池，观察水质等变化。在幼虾培育期间水体透明度应为 30～40 厘米。水体透明度用加注新水或施肥的方法调控。

经 15～20 天的培育，幼虾规格达到 2.0 厘米后即可撤掉围网，让幼虾自行爬入稻田，转入成虾稻田养殖。

四、成虾养殖管理

1. 投饲　12 月前每月宜投 1 次水草，每亩用量为 150 千克；施 1 次腐熟的农家肥，每亩用量为 100～150 千克。每周宜在田埂边的平台浅水处投喂 1 次动物性饲料或小龙虾专用人工配合饲料（粗蛋白含量 30%～32%），投喂量一般以虾总重量的 2%～5%，具体投喂量应根据气候和虾的摄食情况调整。当水温低于 12℃ 时，可不投喂。翌年 3 月，当水温上升到 16℃ 以上，每个月投 2 次水草，每亩用量为 100～150 千克。每周投喂 1 次动物性饲料，每亩用量为 0.5～1.0 千克。每日傍晚还应投喂 1 次人工饲料，投喂量为稻田存虾重量的 1%～4%，以加快小龙虾的生长。可用饲料有小龙虾专用人工配合饲料（粗蛋白含量 28%～30%）、饼粕、麸皮、米糠、豆渣等。

2. 经常巡查，调控水深　11～12 月保持田面水深 30～50 厘米，随着气温的下降，逐渐加深水位至 40～60 厘米。第二年的 3 月水温回升时用调节水深的办法来控制水温，促使水温更适合小龙虾的生长。调控的方法是：晴天有太阳时，水可浅些，让太阳晒水以便水温尽快回升；阴雨天或寒冷天气，水应深些，以免水温下降。

五、投放亲虾养殖模式

每年的 8 月底中稻收割前 15 天往稻田的环形沟和田间沟中投放亲虾，每亩投放 20～30 千克。投放亲虾养殖模式经亲虾繁殖、幼虾培育、成虾养殖三个阶段养成商品虾。

1. 亲虾的选择

（1）雌、雄虾性别特征。性成熟的雌雄虾性别特征见表 8-1。

表 8-1　雌、雄虾特征对照

判　别	雌　虾	雄　虾
体色	暗红或深红	暗红或深红
同龄亲虾个体	小，同规格个体螯足小于雄虾	大，同规格个体螯足大于雌虾
腹肢	第一对腹足退化，第二对腹足为分节的羽状腹肢，无交接器	第一、第二腹足演变成白色、钙质的管状交接器
倒刺	第三、第四对胸足基部无倒钩	成熟的雄虾背上有倒刺，倒刺随季节而变化，春夏交配季节倒刺长出，而秋冬季节倒刺消失
生殖孔	开口于第三对胸足基部，为一对暗色的小圆孔，胸部腹面有储精囊	开口于第五对胸足基部，为一对肉色、圆锥状的小突起

（2）选择亲虾标准。颜色暗红或深红色、有光泽、体表光滑无附着物；个体大，雌雄个体重应在 35 克以上，雄性个体宜大于雌性个体；雌、雄性亲虾应附肢齐全、无损伤、无病害、体格健壮、活动能力强。

2. 亲虾投放

（1）亲虾来源。亲虾从省级以上良种场和天然水域挑选，雌雄亲本不能来自同一群体，遵循就近选购原则。

（2）亲虾运输。挑选好的亲虾用不同颜色的塑料虾筐按雌雄分装，每筐上面放一层水草，保持潮湿，避免太阳直晒，运输时间应不超过 10 小时，运输时间越短越好。

（3）投放前准备。亲虾投放前，环形沟和田间沟应移植 40%～60%面积的飘浮植物。

（4）亲虾投放。亲虾按雌、雄比例（2～3）：1 投放，投放时将虾筐浸入水中 2～3 次，每次 1～2 分钟，然后投放在环形沟和田间沟中。

3. 饲养管理

（1）投饲。8 月底投放的亲虾除自行摄食稻田中的有机碎屑、浮游动物、水生昆虫、周丛生物及水草等天然饵料外，宜少量投喂动物性饲料，每日投喂量为亲虾总重的 1%。

（2）加水。中稻收割后将秸秆还田并随即加水，淹没田面。

六、防治敌害

稻田饲养小龙虾，其敌害较多，如蛙、水蛇、黄鳝等肉食性鱼类、水老鼠及水鸟等。放养前用生石灰清除敌害生物，每亩用量为 75 千克；进水时用 20 目纱网过滤；注意清除田内敌害生物；可在田边设置一些彩条或稻草人，恐吓、驱赶水鸟。

七、常见疾病及防治

小龙虾常见疾病症状及其防治方法见表 8-2。

表 8-2　小龙虾常见疾病及其防治

病　名	病　原	症　状	防治方法
甲壳溃烂病	细菌	初期病虾甲壳局部出现颜色较深的斑点，然后斑点边缘溃烂，出现孔洞	避免损伤 饲料要投足，防治争斗 每亩用 10～15 千克的生石灰兑水全池泼洒，用 2～3 克/米³ 的漂白粉全池泼洒，可以起到较好的治疗效果。但生石灰与漂白粉不能同时使用

（续）

病　名	病　原	症　状	防治方法
纤毛虫病	纤毛虫	纤毛虫附着在成虾、幼虾和受精卵的体表、附肢、鳃等部位，形成厚厚的一层"毛"	用生石灰清塘，杀灭池中的病原 用0.3毫克/升的四烷基季铵盐络合碘全池泼洒
病毒性疾病	病毒	初期病虾螯足无力、行动迟缓、伏于水草表面或池塘四周浅水处；解剖后可见少量虾有黑鳃现象、普遍表现肠内无实物、肝胰脏肿大、偶尔见有出血症状，病虾头部胸甲内有淡黄色积水	用聚维酮碘全池泼洒，使水体中的药物浓度达到0.3～0.5毫克/升 用0.3毫克/升的四烷基季铵盐络合碘全池泼洒 每亩用单元二氧化氯100克溶解在15千克水中后，均匀泼洒水体中 聚维酮碘和单元二氧化氯可以交替使用，每种药物可连续使用2次，每次用药间隔2天

八、成虾捕捞、幼虾补投和亲虾留存

1. 成虾捕捞时间　第一茬从4月中旬开始捕捞，到6月上旬结束。第二茬从8月上旬开始，到9月底结束。

2. 捕捞工具　捕捞工具主要是地笼。地笼网眼规格应为2.5～3.0厘米，保证成虾被捕捞，幼虾能通过网眼跑掉。

3. 捕捞方法　将地笼布放于稻田及虾沟内，每隔3～10天转换地笼布放位置，当捕获量比开捕时有明显减少时，可排出稻田中的积水，将地笼集中于虾沟中捕捞。捕捞时遵循捕大留小的原则，并避免因挤压伤及幼虾。

4. 幼虾补投　第一茬捕捞完后，根据稻田存留幼虾情况，每亩补放3～4厘米幼虾1 000～3 000尾。幼虾可从周边虾稻连作稻田或湖泊、沟渠中采集。

5. 幼虾运输　挑选好的幼虾装入塑料虾筐，每筐装重不超过5千克，每筐上面放一层水草，保持潮湿，避免太阳直晒，运输时间应不超过1小时，运输时间越短越好。

6. 亲虾留存 第二茬捕捞期间，前期是捕大留小，后期捕小留大，亲虾存田量每亩不少于 15 千克。

九、水稻栽培与管理

1. 水稻栽培

（1）水稻品种选择。养虾稻田只种一季稻，水稻品种要选择叶片开张角度小，抗病虫害、抗倒伏且耐肥性强的紧穗型品种。

（2）稻田整理。稻田整理采用围埂法，即在靠近虾沟的田面围上一周高 30 厘米、宽 20 厘米的土埂，将环沟和田面分隔开。要求整田时间尽可能短，防止沟中小龙虾因长时间密度过大而造成不必要的损失。也可以采用免耕抛秧法。

（3）施足基肥。养虾的稻田，可以在插秧前的 10～15 天，每亩施用农家肥 200～300 千克、尿素 10～15 千克，均匀撒在田面并用机器翻耕耙匀。

（4）秧苗移栽。秧苗在 6 月中旬开始移植，采取浅水栽插，条栽与边行密植相结合的方法，养虾稻田宜推迟 10 天左右。无论是采用抛秧法还是常规栽秧，都要充分发挥宽行稀植和边坡优势技术，移植密度以 30 厘米×15 厘米为宜，以确保小龙虾生活环境通风透气性能好。

2. 稻田管理

（1）水位控制。3 月稻田水位控制在 30 厘米左右；4 月中旬以后，稻田水位应逐渐提高至 50～60 厘米；6 月插秧后，前期做到薄水返青、浅水分蘖、够苗晒田；晒田复水后湿润管理，孕穗期保持一定水层；抽穗以后采用干湿交替管理，遇高温灌深水调温；收获前一周断水。越冬期前的 10～11 月，稻田水位控制在 30 厘米左右，使稻蔸露出水面 10 厘米左右；越冬期间水位控制在 40～50 厘米。

（2）施肥。坚持"前促、中控、后补"的施肥原则，化肥总量每亩施纯 N 12～14 千克、P_2O_5 5～7 千克、K_2O 8～10 千克。严禁使用对小龙虾有害的化肥，如氨水和碳酸氢铵等。

晒田：晒田总体要求是轻晒或短期晒，即晒田时，使田块中间不陷脚，田边表土不裂缝和发白。田晒好后，应及时恢复原水位，尽可能不要晒得太久，以免导致环沟小龙虾密度因长时间过大而产生不利影响。

3. 水稻病虫害防治

（1）虫害防治。①物理防治。按每50亩安装一盏杀虫灯的标准诱杀成虫。②生物防治。利用和保护好害虫天敌，使用性诱剂诱杀成虫，使用杀螟杆菌及生物农药Bt粉剂防治螟虫。③化学防治。重点防治好稻蓟马、螟虫、稻飞虱、稻纵卷叶螟等害虫。防治方法见表8-3。

（2）病害防治。重点防治好纹枯病、稻瘟病、稻曲病等病害，防治方法见表8-3。

表8-3 水稻常见病虫害防治

病 虫	防治时期	防制药剂及每公顷用量（克、毫升）	用药方法
稻蓟马	秧田卷叶株率15%，百株虫量200头；大田卷叶株率达30%，百株虫量300头	吡蚜酮60～65	喷雾
稻水象甲	百窝成虫30头以上	杀虫双750	喷雾
褐飞虱	卵孵高峰至1～2龄若虫期	噻嗪酮112.5～187.5；吡蚜酮60～75	喷雾
白背飞虱	卵孵高峰至1～2龄若虫期	噻嗪酮112.5～150	喷雾
稻纵卷叶螟	卵孵高峰至2龄幼虫前	氯虫苯甲酰胺30；杀虫双或杀虫单810～1 080；苏云金秸菌(8 000单位/毫克) 3 750～4 500	喷雾
二化螟、三化螟、大螟	卵孵高峰期	氯虫苯甲酰胺30；杀虫单675～940；苏云金秆菌（8 000单位/毫克) 3 750～4 500	喷雾

（续）

病 虫	防治时期	防制药剂及每公顷用量（克、毫升）	用药方法
秧苗立枯病	水稻秧苗 2～3 叶期	广枯灵 45～90；敌克松 875～975	喷雾
稻瘟病	发病初期	三环唑 225～300	喷雾
纹枯病	发病初期	井冈霉素 150～187.5；苯醚甲环唑 67.5～90	喷雾
稻曲病	破口前 3～5 天	苯醚甲环唑·丙环唑 67.5～90	喷雾

4. 稻田排水、收割 应注意的是排水时应将稻田的水位快速的下降到田面 5～10 厘米，然后缓慢排水，促使小龙虾在环形沟和田间沟中掘洞。最后环形沟和田间沟保持 10～15 厘米的水位，即可收割水稻。

十、包装和运输

1. 包装 将成品虾冲洗干净，装入塑料虾筐、泡沫塑料箱。用规格为 48 厘米×48 厘米×28 厘米的泡沫塑料箱包装的应在箱内放 0.5～1.0 千克的冰块，冰块用塑料袋（瓶）密封。包装材料应卫生、洁净。

2. 运输 在低温清洁的环境中装运，要避免阳光直射，保证小龙虾鲜活。用塑料虾筐包装的，要避免风吹。运输工具在装货前清洗、消毒，做到洁净、无毒、无异味。运输过程中，防温度剧变、挤压、剧烈震动，不得与有害物质混运，严防运输污染。

第二节　江苏省稻虾共作生产技术

一、水稻管理

1. 栽培方式

（1）品种选择。籼稻以优质杂交籼稻为主，如丰优香占等；粳稻可选择苏香粳 3 号、南粳 9108、武运粳 27、南粳红 1 号、南粳紫 1 号；也可选用特色功能水稻品种，如彩色稻、降糖稻等。

（2）插秧。以人工栽培或机插为主，穴盘育秧，带土移栽。

2. 肥水管理

（1）施肥。在秸秆还田和增施有机肥基础上，按测土配方施肥原则补充一定配方肥，禁止使用碳酸氢铵或氨水。有机肥禁止使用未腐熟的鸡、鸭、猪等畜禽粪便。应选择施用稻田养虾专用肥（稻前虾每亩施 4 千克左右，稻后虾每亩施 8 千克左右）和稻虾共育专用肥（每亩施 15 千克左右）。

（2）水分管理。水稻分蘖前做到薄水返青、浅水分蘖，当分蘖数达到 13 万～15 万时，落干田面水晒田，至田间不陷脚，叶色落黄褪淡，保持环沟内水位与田面落差在 10 厘米以上；晒田复水后湿润管理，孕穗期保持 3～5 厘米水层；抽穗以后采用干湿交替管理，抽穗至灌浆期遇到高温灌 6～9 厘米深水调温；收获前 7～10 天撒施 5 千克左右尿素，然后断水晒田，备收割。

3. 病虫草害防治

（1）原则。坚持"预防为主，综合防控"。优先采用物理防治和生物防治，配合化学防治。重点抓好秧田期"送嫁药"防控，保障大田少用化学农药。

（2）虫害防治。以杀虫灯诱杀成虫，减少化学农药使用。稻纵卷叶螟、二化螟以生物农药苏云金杆菌、短稳杆菌和康宽为主；稻飞虱以生物农药爪哇棒束孢和烯啶虫胺吡蚜酮为主。

（3）病害防控。主要防治纹枯病、稻瘟病和稻曲病等。以生物农药纹曲宁和茶黄素为主，破口抽穗期、连阴雨田，配合使用 75％三环唑防稻瘟病。

（4）草害防治。以水位调控为主抑制杂草生长，同时利用小龙虾进入稻田取食杂草。水稻移栽后 7～10 天，可以降低水层至 1 厘米左右，用有机药肥（宁粮药肥）撒施，药后自然落干。禁用氰氟草酯、噁草酮、丁草胺、乙草胺等化学除草剂。

4. 秸秆还田

提倡秸秆还田，杂交籼稻在水稻破口扬花期可使用 OM 有机富硒叶面喷施，可以促进灌浆，提高产量和硒元素含量，提高稻米品质。水稻黄熟末期（稻谷成熟度达 90％左右）

可以收获。收割前 5～10 天撒施 2.5～5 千克尿素维持秸秆青度。留茬高度 45 厘米左右，形成再生稻，供稻后虾食用，秸秆全量还田。

二、小龙虾管理

1. 环沟建设 稻田环沟面积占田块面积不超过 10%。以 40～60 亩一方塘进行环沟建设为宜，最大不超过 80 亩，环形沟上沟宽 4～5 米，下沟宽 2～2.5 米，田面以下垂直深 1.2～1.5 米，坡比 1：（2～3）。田埂高出田面 1.0 米以上，埂面宽 2～3 米。田面越大，环形沟再相应加宽。进水口应用 60～80 目尼龙网过滤野杂鱼苗和卵粒，排水口用 40 目的过滤网封堵防止小龙虾外逃。田埂上应用加厚塑料膜构建防逃网，网高 30 厘米左右，并用木棒、金属棒或塑料棒固定。田面的进、排水口分别位于田埂上部或中部，出水口在环沟底部，高灌低排。田块四周的外围架设防盗网和监控设备。

2. 种苗投放 稻前虾于 4 月上中旬每亩投放幼虾 0.8 万～1 万尾；稻中虾于 5 月底 6 月初每亩投放 6 000 尾左右于环沟内，不影响正常水稻栽插，也可于水稻栽插后投苗，最迟应在 7 月上旬完成；稻后繁苗于 9 月底前，每亩投放经异地配组、无病无伤、附肢齐全、规格为 30 克/只以上、当年养成且未排过卵、性比约为 1：1 的亲本虾。亲虾每亩投放量最高不超过 75 千克，投放于环沟中交配产卵并在洞穴中越冬孵化繁殖。种苗、种虾投放前，用水产养殖净水改底专用型（净水底改）菌剂 200 倍液全田泼洒，或放苗前全田泼洒沃纳高效解毒宝，可以提高苗种放养的成活率。

3. 水草管理 水草布局一般为挺水型、浮水型和沉水型三层。挺水型水草如茭白、莲藕、菖蒲、鸢尾等一般种植于田埂内侧水线以下 20 厘米左右的地方；浮水型水草如水花生、空心菜、水葫芦、水浮莲等，一般固定种植于田埂内侧正常水线上下，并向环沟中部延展；沉水型水草如伊乐藻、轮叶黑藻、眼子菜、黑藻、狐尾藻、水韭菜等，一般种植于环沟两侧的水面以下的坡面或底部，也可大面积种植于田面上。正常的水草组合一般选择茭白、水花生与伊乐藻或轮叶黑藻组合。田面种植伊乐藻或轮叶黑藻，环沟种植茭白、水花生和伊乐藻或轮叶黑藻；水草面积一般占水体面积的60%左右。夏季高温时期适时使用益草素，可以减缓水草腐烂衰败，提高水草活性，促进生根发芽，从而有利于小龙虾生存环境的稳定。

4. 饲料投喂　投喂稻虾共育专用饵料，并定时、定点、定量投喂。3月以后，当水温上升到10℃以上，发现有小龙虾出洞活动时，此时的稻后虾为上一年投放的亲虾及亲虾繁育出的仔虾，一方面应投放大眼地笼捕捉亲虾上市，另一方面就是及时投喂稻虾共育专用饵料（幼虾培育料），投喂量为存塘虾苗重量的6%左右。稻前虾养殖，投喂稻虾共育专用饵料（成虾养殖料），投喂量为存塘虾重量的6%~8%。稻后虾亲本投放后至进入洞穴前应投喂稻虾共育专用饵料（亲虾培育料），投喂量为存塘亲虾重量的6%左右。饵料投喂时间一般在傍晚落日后投喂。投喂方式一般是定点投放在投饵台上。当水温低于10℃时，一般不投喂或少投喂。投饵时将水产专用拌饵宝直接添加或稀释5倍后均匀喷洒在饵料上，可以提高饵料的利用率，调节改善小龙虾肠道功能，增强肌体对病原的抵抗力等功能，且养成的商品虾口味更鲜美。用量为每100千克饲料添加水产专用拌饵宝0.5~1千克。

5. 捕捞原则　稻前虾一般在5月底6月初捕捞；稻中虾一般在7月中下旬至8月中下旬捕捞；稻后亲本虾一般在4月初至5月上中旬捕捞，稻后虾苗一般在4月中下旬至5月中下旬捕捞。捕捞遵循茬茬清、全部捕净的原则。捕捞方式一般采用地笼诱捕，晚放早收。

三、水质调控

1. 肥水　冬春时期，水质偏瘦，不利水草和有益藻类的生长，并导致青苔大量发生，破坏水质。可每10~15天用一次沃纳肥水宝，每亩用量为0.5~1千克，稀释10~20倍后全池泼洒。

2. 净水及解毒　春、秋两季，每 15 天使用一次沃纳净水产品，夏天高温季节，每 7 天使用一次沃纳净水、解毒宝、益草素。每次产品用量：净水产品每亩用量为 0.5～3 千克，稀释 20～30 倍后全池泼洒；解毒宝每亩用量为 0.15～0.3 千克，稀释 100～300 倍后全池泼洒；益草素每亩用量为 0.3～0.5 千克，稀释 500～1 000 倍后全池泼洒。发生小龙虾蜕壳不遂、活力不佳或食欲不佳时，可选用沃纳净水蜕壳宝，每亩用量为 2～4 千克。

第三节　湖南省稻虾共作生产技术

一、稻田环境条件

1. 产地环境　产地环境应符合 NY/T 391—2013 的规定。底质自然结构含沙比例低于 20%，保水性能好。水质应符合 GB 11607—1989 的要求。

2. 面积　一般应以 20 000 米² 一个单元为宜。

二、稻田改造

1. 挖沟　挖沟应坚持以下原则：田间沟应占稻田面积的 5%～10%；靠水源位置应确保一段田间沟长 20～50 米、宽 3.0～5.0 米、深 1.5～2.0 米，并在沟上方搭建遮阴棚；田间沟外侧田埂应高出田面 40～60 厘米，宽 1.5 米；田间沟内侧田埂高 30～50 厘米、宽 50～60 厘米。

2. 沟形　根据稻田大小可挖"回"字形沟或"田"字形沟。

3. 筑埂　挖沟时应加固、加高、加宽田埂，田埂每加固一层泥土后夯实。

4. 防逃　稻田排水口和田埂旁应设防逃网。排水口的防逃网应为 60 目的网片，田埂上的防逃网可用石棉瓦、厚质塑料膜等制作，防逃网高 40～45 厘米。

5. 进、排水　进、排水口分别位于稻田两端。进水渠道应建在稻田一端的田埂上，进水口用 60 目的长型网袋过滤进水。排水口建在稻田另一端环形沟的低处，养殖排放水应符合 SC/T 9101—2007 的规定。

三、水稻种植

1. 品种选择　应选择耐肥、抗倒、抗病虫害的高档优质稻为主，主要品种有兆优 5431、桃优香占。

2. 播种　播种日期、方法、生育期、品种选择参见表 8-4。

表 8-4　水稻播种方式

播种日期	播种方法	生育期	典型品种
5 月 20 日左右	免耕机插或免耕抛栽	145 天左右	兆优 5431 等
6 月 20 日左右	免耕直播	115 天左右	桃优香占等

3. 施基肥　稻草还田后，每亩撒施缓释型水稻专用配方肥 25 千克。

4. 秧苗移植　应在秧龄 20 天左右抛栽，机插应选择七寸插秧机栽插，抛秧每亩应抛足 100 个秧盘秧苗，确保基本苗。

四、稻田管理

1. 水位控制　直播稻田在秧苗二叶前以干管为主，确保全苗齐苗。水稻生长前期浅水促分蘖，当每亩总苗数 30 万～35 万蔸时及时落水晒田。晒田复水后湿润管理。孕穗期、抽穗期保持一定水层，齐穗后采取干湿交替管理，在施肥、打药、晒田时不覆水，其他时间尽量覆水。遇高温灌深水调温，收获前 1 周断水。

2. 杂草防除　杂草防除应禁止喷雾时药水流入虾围沟。应用高效、低毒、低残留药剂。

3. 施肥　一般在抛栽后 7 天，直播稻在化学除草后 7 天追施分蘖肥，孕穗期每亩追施 48% 复合肥 25 千克做穗肥。肥料质量应符合 NY/T 394—2013 的规定。

五、水稻病害防治

1. 病害防治 重点防治纹枯病、稻曲病，防治方法参见表8-3。
2. 虫害防治 按每3.3公顷安装一盏杀虫灯诱杀成虫。利用和保护好害虫天敌，使用性诱剂诱杀成虫。防治药剂应符合绿色食品要求，主要防治二化螟、稻纵卷叶螟、稻飞虱等害虫，防治方法参见表8-3。

六、排水

收割7天前，将稻田排水至干涸状态。水稻收割时环形沟内水位应保持在10～15厘米。采用机械或人工收割。

七、虾养殖准备

1. 消毒与除野 放虾前10～15天，在田间沟水体120克/米^{3}生石灰化水泼洒；也可采用泼洒茶粕（也称茶麸、茶枯、茶籽饼）浸出液，使水体的药物浓度达到20～40克/米^3。
2. 施足基肥 每亩施发酵的畜禽粪肥500千克，埋入稻田和田间沟中，埋入深度10～20厘米。施肥应该在10～12月完成。
3. 注水 施肥后应及时注水。前期注水10～20厘米，随着水草生长逐渐加高水位至20～40厘米。
4. 水草栽培 宜栽培伊乐藻、轮叶黑藻两种沉水性水生植物。水草簇间距5米左右，水草占田间沟面积的35%～50%。水草种植应在10月至翌年2月底之前完成栽培。在水稻种植前，移植一些水葫芦、水花生，以降低水温，吸附一些水体有害物质。投放有益生物，在苗种投放前后，沟内再投放一些有益生物。如每平方米投放田螺8～10个、河蚌3～4个等。

八、幼虾放养

1. 幼虾质量 幼虾质量应符合以下要求：有光泽、体表光滑无附着物，附肢齐全、无损伤，无病害、体格健壮、活动能力强，外购幼虾应检验检疫合格。

2. 放养前准备

(1) 试水。在沟中放置一小苗箱,投放 30～50 尾小鱼苗,观察 24 小时,检查水体毒性是否消失。

(2) 虾体消毒。放养前应用池水或稻田水浇淋 10 分钟,然后用 20 毫克/升浓度的高锰酸钾或聚维酮碘溶液浸泡消毒 5～10 分钟。

(3) 放养时间。9～10 月或翌年 3～5 月。

(4) 放养规格及密度。每亩投放每尾 5～10 克的幼虾 5 000～8 000 尾。

3. 投饲管理

(1) 饲料种类。主要有黄豆、饼粕、麸皮、米糠、豆渣和虾专用配合饲料等。

(2) 投饲。每日投喂量为虾总重的 1‰;每周宜在田埂边的平台浅水处投喂一次动物性饲料或虾用配合饲料,投喂量一般为虾总重的 2%～5% 为宜,配合饲料应符合 NY 5072—2002 的规定;12 月前每周宜投 1 次水草,每亩用量 150 千克;水温低于 9℃时可不投喂,阴天或异常天气不应投喂。第二年 3 月当水温上升到 16℃以上时,应按以下方法进行:每个月投 2 次水草,每亩投放 100～150 千克;每周投喂 1 次动物性饲料,每亩用量为 0.5～1.0 千克;每日傍晚还应投喂 1 次人工饲料,投喂量为稻田存虾重量的 1%～4%。

4. 日常管理　日常管理应注意:早晚巡田,观察虾的摄食、活动、发病等情况,及时处理;观察水质变化情况,当蓝藻、绿藻大量繁殖水体呈绿色或水温达到 35℃ 左右,虾缺氧时,应及时换水,换水量一般为总水量的 30%。

九、亲虾放养

1. 亲虾质量　颜色暗红或深红色、有光泽、体表光滑无附着物,个体重应在 35 克以上,雄性个体宜大于雌性个体,雌、雄性亲虾应附肢齐全、无损伤,无病害、体格健壮、活动能力强,外购亲虾应检验检疫合格。

2. 亲虾投放　亲虾应按雌、雄性比（2～3）∶1投放。投放时将虾筐反复浸入水中2～3次，每次1～2分钟，然后投放在环形沟或田间沟中。

3. 亲虾饲养管理　8月底投放的亲虾宜少量投喂动物性饲料，每日投喂量为亲虾总重的1%；水稻收割后将稻草还田并随即加水，稻草呈多点堆积并淹没于水下浸沤。

4. 巡查与调控水深　11～12月保持田面水深30～50厘米，随气温下降，逐渐将水加深至40～60厘米；晴天可降低水位，阴雨天或寒冷天气应加深水位。

十、病虫害防治

1. 防止敌害　敌害主要有蛙、水蛇、泥鳅、黄鳝、水老鼠及水鸟等。放养前应用生石灰清田消毒，进水时要用60目的纱网过滤。平时应注意清除田内敌害生物，有条件的可在田边设置一些彩条或稻草人，恐吓、驱赶水鸟。

2. 常见疾病及防治　小龙虾常见疾病参见表8-2。

十一、小龙虾捕捞

1. 捕捞时间　从3月中旬开始，到6月中下旬结束。

2. 捕捞工具　捕捞工具主要是地笼，地笼网眼规格应为3.5～4.0厘米。

3. 捕捞方法　将地笼放置在稻田的田面上、环形沟或田间沟中，每天凌晨收虾。5～7天移动一次地笼位置，以增强捕捞效果。最后排水，仅环形沟中有水，用抄网在沟中来回抄捕。

第九章　稻虾种养常见误区
及养殖技巧

在小龙虾的养殖和食用过程中，常常会存在一些认识误区，我们从小龙虾认知误区、小龙虾养殖误区和小龙虾养殖技巧三个方面进行简述，以便读者对小龙虾生产过程有一个正确、科学的认识。

第一节　小龙虾的认知误区

1. 小龙虾的生物学特性

（1）小龙虾学名克氏原螯虾。

（2）小龙虾的生长史。交配→受精卵→排卵（母体腹部）→蚤状幼体（母体腹部）→幼苗（1厘米长）→成虾。

2. 小龙虾的繁殖　春季在 3～5 月，秋季在 9～11 月繁殖。小龙虾 80%～90% 是春季繁殖的，每只雌虾可繁殖 70～300 头虾苗。

3. 小龙虾生长阶段

（1）幼体。幼体依附在母体上，摄食卵黄或靠母体呼吸的水流带来的食物生长。

（2）幼虾。指脱离母体后能独立生活的仔稚小龙虾，体长为 1.0～3.0 厘米，主要靠摄食浮游动物生长。

（3）成体。指体长为 3.0 厘米以上且未性成熟的小龙虾。主动摄食浮游动物和水中饵料生长。

（4）成虾。性腺发育成熟的小龙虾，也就是亲虾和商品虾。

4. 小龙虾寿命与生活史

（1）小龙虾雄虾的寿命。一般为 16～18 个月，雌虾的寿命为 24 个月。

（2）小龙虾的生活史。其生活史也并不复杂，雌雄交配后分别产生精子和卵子，并受精成受精卵，然后进入洞穴发育，受精卵和蚤状幼体由雌虾单独保护完成，时机成熟后，抱卵虾离开洞穴，排放幼虾，离开母体保护的幼虾经多次蜕皮后就可陆续上市了，还有部分继续发育成亲虾，再来一个生殖轮回。

5. 小龙虾的来源　20 世纪 20 年代前后，小龙虾由日本引入中国。小龙虾原产北美，大量分布在美国北纬 30°左右地区，我国的长江流域也正好是北纬 30°左右。这可能是选择江苏作为引入小龙虾地点的原因。原产北美的小龙虾近 100 年来有很多国家引进、养殖，在中国之前有日本，在日本之前有欧洲，在中国之后又有西非的肯尼亚等国家。欧洲、日本的自然条件并不适合小龙虾发展，而我国的长江中下游地区很适合其生长，因此，小龙虾在我国发展比较迅速。

6. 小龙虾的蛋白质成分　小龙虾的蛋白质含量为 18.9%，高于大多数的淡水和海水鱼虾，其氨基酸组成优于肉类，含有人体的 8 种必需氨基酸，不但包括异亮氨酸、色氨酸、赖氨酸、苯丙氨酸、缬氨酸和苏氨酸，而且还含有脊椎动物体内含量很少的精氨酸，另外，小龙虾还含有幼儿必需的组氨酸。

7. 小龙虾的脂肪含量　龙虾的脂肪含量仅为 0.2%，不但比畜禽肉低得多，比青虾、对虾还低许多，而且其脂肪大多是由人体所必需的不饱和脂肪酸组成，易被人体消化和吸收，并且具有防止胆固醇在体内蓄积的作用。

8. 小龙虾的矿物成分　小龙虾和其他水产品一样，含有人体所必需的矿物成分，其中含量较多的有钙、钠、钾、镁、磷，含量比较重要的有铁、硫、铜等。小龙虾中矿物质总量约为 1.6%，其中钙、磷、钠及铁的含量都比一般畜禽肉高，也比对虾高。

9. 小龙虾的维生素成分　从维生素成分来看，小龙虾也是脂溶性维生素的重要来源之一，龙虾富含维生素 A、维生素 C、维生素 D，大大超过陆生动物的含量。

10. 小龙虾的食疗作用　淡水小龙虾性温味甘，入肝、肾经，虾肉有通乳抗毒、化瘀解毒、通络止痛、开胃化痰等功效，可治疗筋骨疼痛、手足抽搐、身体虚弱和神经衰弱等病症。

11. 小龙虾的食物相克　小龙虾含有比较丰富的蛋白质和钙等营养物质。如果把它们与含有鞣酸的水果，如葡萄、石榴、山楂、柿子等同食，不仅会降低蛋白质的营养价值，而且鞣酸和钙离子结合形成不溶性结合物刺激肠胃，引起人体不适，出现呕吐、头晕、恶心和腹痛腹泻等症状。

12. 适宜人群及不适宜人群　适宜小儿正在出麻疹、水痘之时服食，适宜中老年人缺钙所致的小腿抽筋者食用；患过敏性鼻炎、支气管炎、反复发作性过敏性皮炎的老年人不宜吃虾。

13. 小龙虾药疗　小龙虾含有虾青素，虾青素是一种很强的抗氧化剂，有助消除因时差反应而产生的"时差症"。小龙虾还可入药，能化痰止咳，促进手术后的伤口生肌愈合。

14. 洗虾粉　洗虾粉是工业领域普遍使用的一种除锈剂"草酸"，无色透明结晶，对人体有害，会使人体内的酸碱度失去平衡。儿童生长发育需要大量的钙和锌。如果体内缺乏钙和锌，不仅可导致骨骼、牙齿发育不良，而且还会影响智力发育。过量摄入草酸还会造成结石。

15. 烹饪小龙虾注意事项　活小龙虾在买来后，最好放在清水里养24～36小时，使其吐净体内的泥沙杂质。在加工龙虾时，其两鳃中的脏东西要清除，因为鳃毛里面吸附了很多细菌。龙虾细爪的根部最容易藏污纳垢，一定要剪掉。最后还要经过刷、洗才能烹饪。烹饪小龙虾一定要高温煮透，这样才能确保杀死虾体内的细菌和寄生虫。死龙虾千万不能吃，小龙虾一死，细菌立刻分解，人吃了容易引起食品中毒。

16. 食用小龙虾的注意事项

（1）莫吃虾头毒素多。小龙虾的虾头部分不能食用，因为小龙虾的头部是吸收储存毒素最多的地方，也是最易积聚病原菌和寄生虫的部分。

（2）吃虾时要有节制。小龙虾是高蛋白食物，部分过敏体质者会对小龙虾产生过敏症状，如身体上起红点等，不要一次性食用过多。

另外小龙虾是含嘌呤较高的水产品，痛风病人也尽量不要食用。

17. 小龙虾的生存环境　小龙虾是淡水的一种经济虾类，因其杂食性、生长速度快、适应能力强而增长速度快而大量繁殖。小龙虾体内的虾青素含量和其抵抗外界恶劣环境的能力有关系。小龙虾虾体颜色比普通的对虾颜色更红，这是因为其体内的虾青素含量大。但其实小龙虾并不是自身产生虾青素，而是在食用含有虾青素的藻类过程中慢慢积累，产生强的抗氧化能力，从而增强其在恶劣环境下生存的能力，这也导致我们误以为小龙虾必须在脏的环境下生存。现在的小龙虾都是人工养殖，养殖环境和食用饲料大多有安全保障，可放心食用。

18. 小龙虾携带病原体问题　我们经常听到有相关的新闻报道说食用小龙虾发生肠胃疾病、食物中毒、甚至是有生命危险。大多数的人会直接反应是小龙虾很脏，含有大量寄生虫导致的。事实上小龙虾确实含有大量的细菌和寄生虫，但基本都在头部，所以食用小龙虾时一定要去掉头部，并且要确保小龙虾完全煮熟再食用，不可食用生的或不熟的小龙虾。

19. 小龙虾的虾线问题　虾线是小龙虾的"消化道"，也就是排泄的地方，往往容易堆积重金属或其他有害成分，一般建议有条件的情况下要去掉虾线。但是，跟我们平时吃对虾一样，即使没有去掉虾线也能食用，只要保证高温烹饪，大部分的细菌都会被杀死的，并不会对身体有太大的影响。

20. 如何判断一只虾的好坏

（1）看小龙虾的外壳。如果表面颜色很深，并且发暗，说明虾的质量不好。

（2）看小龙虾的腹部。如果有发黑发暗或者有油泥也不要食用。

（3）看虾头。扒开虾头部分，如果里面是黑的，说明烹调前虾就死了，不建议食用。

（4）看虾鳃够不够白。浅水区的虾因为水中杂质比较多，鳃都会发黑。

（5）肉体松软无弹性极有可能是死虾，死亡时间越长积累的毒素越多。

（6）煮熟的小龙虾，如特别鲜亮，但虾钳较少，则使用洗虾粉的可能性较大，应慎食。

第二节 小龙虾的养殖误区

1. 虾苗的规格问题 规格为每千克 120～240 头；虾苗要整齐，体质健壮，附肢齐全；无病无害，体色青壳为好；坚决不买药苗和出现死虾情况塘口的苗种；不管是种虾还是虾苗都要遵循"就近原则"，以提高存活率。

2. 虾苗的质量问题 目前所说的小龙虾也可以称为克氏原螯虾或日本克氏龙虾，均为一个品种，不存在"杂交品种"，因成本过高且目前自然苗丰富、价廉，人工苗还停留在实验室阶段；另外不要误信是经过驯化、互相残杀少的新品种而从外地高价购买小龙虾种。

不少人认为只要第一年投入种虾后，通过自身不断繁殖，年年获取不错的收益。其实小龙虾养殖投种第一年产量最高，以后逐年下降。由于小龙虾生命周期为 16～18 个月，加上近亲繁殖，功能退化，抗病力下降，3 年后产量会锐减甚至绝收。

3. 稻虾的时间历程 每年的 8～9 月中稻收割前投放亲虾，或 9～10 月中稻收割后投放幼虾，第二年的 4 月中旬至 5 月下旬收获成虾，同时补投幼虾，6 月上旬整田插秧，8～9 月收获亲虾或商品虾，如此循环轮替的过程。

4. 小龙虾价格变化规律

（1）4～5 月普通养殖大规格小龙虾少，因此大规格小龙虾价格好。

（2）6～8 月河蟹塘里小龙虾大量起捕，小龙虾价格下滑。

（3）10月以后小龙虾开始打洞，小龙虾价格上涨。

整体而言，近些年由于国内外市场需求旺盛，小龙虾价格较好，小龙虾消费市场越来越大，越早上市价格越好，所以前期早喂料、早上市，可以大大提高经济效益。

5. 水质问题　有些人认为小龙虾在臭水沟也能很好的生长，其实并非好坏水都能养，清新水质才是小龙虾养殖高产的关键。要求池中水草的覆盖面要在30％～60％。水体透明度在30厘米左右，溶氧量＞5毫克/升，应定期换水，每次换水1/3，高温季节水位保持在80厘米以上。

6. 喂养饲料问题　小龙虾是杂食、偏动物性饵料的生物，其生长是否良好，取决于蛋白质的摄取量，可以新鲜小杂鱼、田螺为主，辅以植物饵料，也可投喂蛋白质含量不低于32％的配合饲料。腐烂变质的动、植物饲料不宜投喂，因其利用率低、容易使水质变坏。

7. 病害防治问题　有人认为"小龙虾不会生病"，其实不然。在进行高密度养殖之后，各种环境因子都易引起小龙虾发病。解决的办法主要以预防为主，定期使用药物。在养殖过程中水体要定期消毒，若水体pH＜7，每隔15～20天，将生石灰按20克/米³的浓度化浆后均匀泼洒。一般池塘每隔15～20天用氯化物等消毒一次，每半个月左右在饲料中添加蜕壳促长素，连喂3天。

8. 鱼虾混养问题　很多人为了合理利用空间，提高养殖效益而认为小龙虾可以和鱼类混养，其实小龙虾绝不能和食肉或杂食性水产品如四大家鱼在池塘和稻田混养。因为小龙虾脱壳时最易被蚕食，且小龙虾产仔时、幼虾活动时，鲢鱼、鳙鱼都是它的天敌，故不主张混养。

9. 小龙虾管理问题　有些养殖户认为小龙虾食性杂，随便喂喂即可。因此有人在精养的虾塘也不投饵料，造成小龙虾互相残食；或者过量投喂动物内脏造成有机质发酵，水体发臭，产生有毒气体和缺氧，致使养殖失败。

10. 小龙虾产量问题　龙虾亩产与放养密度、养殖环境、投饵量、病害防治等都有着密切的关系。龙虾生长快，一般养殖 50～70 天可出售，5～6 月是销售旺季，6 月底后开始交配产卵、穴居，捕捞量急剧减少，因此那些小龙虾养殖产量超千斤的传言实在不可信。一般而言，每亩龙虾养殖产量在 100～225 千克。

第三节　小龙虾的养殖技巧

一、合理的养殖密度

保持合理的养殖密度，既有利于充分发挥池塘的生产力，又能提高虾的产量、规格和经济效益。如果片面追求产量而提高养殖密度，则会增加养殖管理方面的难度，小龙虾也会为争夺生存空间而自相残杀。高密度养殖产生的大量残饵和排泄物也会败坏水质，使小龙虾的生存空间进一步缩小。池塘环境对小龙虾掘洞的影响较大，在水质较肥、底层淤泥较多、有机质丰富的条件下，洞穴减少，也会导致小龙虾自相残杀。一般而论，池塘单养小龙虾的合理养殖密度是：春季（2～3 月）每亩水面投放规格为 2～4 厘米的幼虾 3 万～4 万尾；夏季（7～8 月）一般不投放幼虾，而投放优质的小龙虾亲虾，每亩水面投放 20～25 千克，雌、雄虾比例为 3∶1；秋季（9～10 月）每亩水面投放刚离开母体的幼虾（体长 10～12毫米）3 万～5 万尾。

二、放养规格应基本一致

在放养小龙虾时，要注意放养规格不能相差太大，否则必须采用大、中、小 3 种规格分池放养。在养成过程中，也要注意小龙虾的规格，若规格大小不一，会出现大虾吃小虾的现象，以致成活率大大降低，影响养殖产量的提高。

三、正确地投饵

养殖小龙虾投饵是关键，投饵时应注意饵料的种类、饵料的适口性、投饵量的确定、饵料的投喂方法和饵料的投喂时间 5 个方面的问题。小龙虾属杂食性动物，动物性饵料和植物性饵料均能摄食。养殖生产中通常投喂一些谷类、草类植物性饵料和活螺蛳等动物性饲料。小龙虾比较贪食，投饵量不足不仅影响小龙虾的正常生长，还会出现自相残食现象，所以必须确保小龙虾能够摄食到足够的饵料，且饵料新鲜。投饵过量或投喂方法不当会造成饵料浪费和败坏水质。一般按存塘虾的体重来计算投饵量，生长旺季（4～9月），投喂量为虾体重的 7％～8％，其余季节为虾体重的 1％～3％。实际投喂时，要结合具体情况，如天气情况、水质状况、池内水生动植物多寡、剩余饵料量多少等，灵活调整投喂量。小龙虾有昼伏夜出的习性，常夜间出来活动、摄食，白天一般隐蔽在水草丛中栖息。所以，一般 9：00 左右投喂总饵量的 20％～30％，17：00 左右投喂 70％～80％。

四、及时改良水质

天然小龙虾经常生活在臭水沟里，不少养殖户错误地认为小龙虾具有较强的耐污能力，可以在较差的水质环境条件下生存。事实上，水质条件过差会降低小龙虾的体质和活力。在小龙虾养殖过程中要保持池水透明度为 30～40 厘米，pH 为 7.5～8.5，溶解氧 3 毫克/升以上。为此要加强水质管理，经常加注新水，定期（每15～20天）泼洒 1 次生石灰浆，每立方米水体用量为 3～5 克，以调节水质，增加水中离子钙的含量，提供虾蜕壳生长时所需的钙质。一旦池水老化应及时更换，保持池水"肥、活、嫩、爽"，促进小龙虾及时蜕壳生长。在水温适宜、饵料充足的情况下，一般 60～90 天幼虾即可达到每尾 20 克左右的商品规格。

五、增加隐蔽物

小龙虾生性凶猛，有较强的占地习性，在没有足够的洞穴和水草供其隐蔽或隐藏时，自残现象极为严重。利用小龙虾喜欢穴居的习性，建立人工洞穴可有效防止小龙虾自相残杀。人工洞穴可以建在水位以下的坡地上，洞口直径 6～10 厘米，深 15～30 厘米。小龙虾还有攀附水草的习性，养殖池中种植或投放水花生、轮叶黑藻、凤眼莲、眼子菜及水浮莲等水草，既可为小龙虾提供隐蔽物，又可增加其生存空间，减少互相残杀。同时水草还可作为小龙虾的食物，降低人工饲料的消耗，节省养殖成本。

六、防治病害

因小龙虾对许多农药都很敏感，所以病虫害防治应以生态防治为主，加强预防，施药应选用高效低毒、低残留的药物品种，忌用剧毒药物，尽量避免使用含菊酯类的杀虫剂。虾苗下塘之前要进行体表消毒，防止把病原体带进池内，在夏季定期用生石灰消毒虾池，经常加注新水，保持池水清洁卫生，在虾的饲料中可以添加多种维生素，增强其免疫力。

七、养殖期管理

首先要加强日夜巡塘。夏季养殖虾池塘由于天气较热，并且随着投入品的增多，各种致病致害因子不断增加，病害发生概率较大，所以应加强日常管理，以防患于未然。每天要坚持早、晚巡塘，观察虾类生长是否正常、水体溶氧是否充足，检查池塘是否有漏洞，铁丝网和栅栏是否堵塞、松动或破损，水草是否过于密集阻塞水体，时时注意池中是否有敌害生物，如水老鼠、水蛇、水鸟、青蛙及鱼害等，如有应及时将其除掉，发现问题要及时采取措施。其次要适时起捕上市。夏季小龙虾生长较快，一般2个月左右便可捕大留小，均衡上市，既可降低池塘内养虾密度，提高单位面积产出，又可随行就市，增加养殖效益。捕捞的方法可采用虾笼、地笼网及抄网等工具，最后可采取干田起捕的方法全部起捕上市。

参 考 文 献

曹凑贵，江洋，汪金平，等，2017. 稻虾共作模式的"双刃性"及可持续发展
　　策略 [J]. 中国生态农业学报，25（9）：1245 - 1253.

邓颖，2018. 潜江市稻虾生态农业模式的发展困境及对策 [J]. 山西农业科
　　学，46（8）：1396 - 1398，1420.

封高茂，童金炳，余厚理，等，2017. 稻虾连作种养模式示范与技术总结
　　[J]. 江西水产科技（4）：25 - 29.

郭志文，2017. 湖北潜江地区"虾稻共作"养殖技术日历 [J]. 科学养鱼
　　（7）：39 - 41.

黄富强，米长生，王晓鹏，等，2016. 稻虾共作种养模式的优势及综合配套技
　　术 [J]. 北方水稻，46（2）：43 - 45.

蒋静，郭水荣，陈凡，等，2016. 稻虾共生高效生态种养技术 [J]. 农业工程
　　技术（5）：71.

刘君，2017. 水草在小龙虾养殖中的作用与栽培管理方法 [J]. 新农村
　　（36）：69.

刘卿君，2017. 秸秆还田与投食对稻虾共作水质的影响 [D]. 武汉：华中农
　　业大学.

毛栽华，丁凤琴，周洵，等，2015. 克氏原螯虾稻虾轮作养殖水体的水质评价
　　[J]. 科学养鱼，31（3）：52 - 53.

沙锦程，宋长太，2016. 克氏原螯虾与水稻连作实用操作技术 [J]. 渔业致富
　　指南（21）：42 - 44.

沈雪达，苟伟明，2013. 我国稻田养殖发展与前景探讨 [J]. 中国渔业经济，
　　31（2）：151 - 156.

佀国涵，2017. 长期稻虾共作模式下稻田土壤肥力变化特征研究 [D]. 武汉：
　　华中农业大学.

唐建清，2015. 淡水小龙虾病害与防治 [J]. 农家致富（8）：42 - 43.

唐建清，2017. 稻虾综合种养模式技术分析、存在问题与发展趋势 [J]. 科学

养鱼（10）：1-3.

汪本福，杨志勇，张枝盛，等，2017. 基于稻虾共作模式的水稻绿色生产技术［J］. 湖北农业科学（24）：4711-4713.

王甫珍，喻梅，王珍，等，2018. 稻虾混作生态种养模式［J］. 科学养鱼（3）：37.

肖枫，2016. 淡水小龙虾病害防治措施分析［J］. 农技服务，33（7）：126-126.

徐大兵，贾平安，彭成林，等，2015. 稻虾共作模式下稻田杂草生长和群落多样性的调查［J］. 湖北农业科学，54（22）：5599-5602.

许幼青，寿绍贤，谢金木，等，2012. "稻—虾"轮作高效生态种养模式的探讨［J］. 中国稻米，18（6）：47-48.

羊茜，占家智，2010. 图说稻田养小龙虾关键技术［D］. 北京：金盾出版社.

杨文彭，2016. 稻田养殖发展与前景研究［J］. 农业科技与信息（8）：139.

中国渔业协会，2013. 潜江龙虾"虾稻共作"技术规程［J］. 科学养鱼（6）：49.

附录 1　稻虾共作绿色生产月份农事表

月份	1月			2月			3月			4月			5月			6月		
旬	上旬	中旬	下旬	上旬	中旬	下旬	上旬	中旬	下旬	上旬	中旬	下旬	上旬	中旬	下旬	上旬	中旬	下旬
节气	小寒		大寒	立春		雨水	惊蛰		春分	清明		谷雨	立夏		小满	芒种		夏至
农事	保持稻田水位40~50厘米，栽种水草，培肥水质，加强巡塘，注意防止冰冻灾害			保持稻田水位40~50厘米，追施农家肥，视水温适量投喂饵料			降低水位至30厘米左右，用生石灰杀灭青苔并消毒，当水温到16℃以上时，开始投喂饵料			开始捕捞，捕大留小；中旬开始注新水至水位40厘米，投喂饵料，每10~15天进行一次水体消毒防病			继续捕捞，加注新水至50厘米，调节改善水质，加强投喂。新塘5月底开始补投虾苗			缓慢排水，让稻田虾苗进入围沟、中旬以前，整田插秧完毕，安装频振式杀虫灯，围沟内继续适量投饵，适量补投虾苗		
技术要点　稻	保持稻田水位40~50厘米						保持稻田水位30~40厘米						培育壮秧			适时移栽	移栽后及时追施返青分蘖肥	

· 98 ·

附录1 稻虾共作绿色生产月份农事表

（续）

月份	1月			2月			3月			4月			5月			6月		
旬	上旬	中旬	下旬	上旬	中旬	下旬	上旬	中旬	下旬	上旬	中旬	下旬	上旬	中旬	下旬	上旬	中旬	下旬
节气	小寒		大寒	立春		雨水	惊蛰		春分	清明		谷雨	立夏		小满	芒种		夏至
虾 技术要点	保持稻田水位40~50厘米，每亩施有机肥100~150千克，培肥水质						降低稻田水位至30厘米左右，少量投饵，防止青苔滋生蔓延			投放幼虾。每亩投放3~4厘米至40厘米幼虾40~50千克，提高水位40厘米以上，捕大留小。早晚投喂，每周投一次动物性饵料，每10~15天进行一次石灰水体消毒						缓慢排水。让稻田虾苗进入围沟。捕秧完毕，安装振式杀虫灯、频式杀虫灯，围沟内继续适量补投虾苗		
农事操作	破冰防冻			施有机肥			防除青苔			投放幼虾			水体消毒			装杀虫灯		

月份	7月			8月			9月			10月			11月			12月		
旬	上旬	中旬	下旬	上旬	中旬	下旬	上旬	中旬	下旬	上旬	中旬	下旬	上旬	中旬	下旬	上旬	中旬	下旬
节气	小暑		大暑	立秋		处暑	白露		秋分	寒露		霜降	立冬		小雪	大雪		冬至
农事	加强围沟水草管理，及时清除露出水面的水草，稻田晒田后及时复水，让小龙虾进入稻田。开始在围沟内捕捞第二季小龙虾，补投种虾						继续捕捞。下旬每亩补投种虾5千克，下旬开始排水晒田，补投虾苗或投放人工虾苗			稻谷收割后，灌水至20厘米，捕捞小龙虾，种植水草、修整设施及防逃设施，未补投虾种田投放人工虾苗。新田新进稻田改造，投放虾苗			以种植水草为主，调节水质，适当投饵			提高水位保持40~50厘米，追施有机肥		

99

（续）

月份	7月			8月			9月			10月			11月			12月		
旬	上旬	中旬	下旬	上旬	中旬	下旬	上旬	中旬	下旬	上旬	中旬	下旬	上旬	中旬	下旬	上旬	中旬	下旬
节气	小暑		大暑	立秋		处暑	白露		秋分	寒露		霜降	立冬		小雪	大雪		冬至
稻	适时晒田，适量追施穗肥，防治二化螟、纹枯病等病虫害			科学水分管理及综合防治病虫			水稻适时收割						秸秆全量还田			保持稻田水位40～50厘米		
虾	清除露出水面的水草，稻田晒田后及时复水			下旬开始在围沟内捕捞小龙虾			捕捞商品虾，投放亲虾或每亩补投异地虾5千克			上中旬收割稻，随即注水至20厘米，开始种植水草，修整田埂及防逃设施			栽种水草伊乐藻，株距3～4米，行距4～6米，提高水位，培肥水质，施农家肥，培肥水质					
农事操作	适时晒田			水肥管理			适时收割			设施维护			灌水施肥			移植水草		

附录 2　稻虾共作绿色生产操作规程

（一）肥水运筹

1. 施肥　在水稻秸秆还田和增施有机肥的基础上，按照当地测土检测结果配方施肥。当总茎蘖数达到预计穗数的 80% 左右（13 万~15 万）时，或在 7 月 5 日前后，自然断水落干晒田；至田中不陷脚、叶色落黄褪绿、浅水分蘖。

2. 管水　分蘖前期做到薄水返青，浅水分蘖；当总茎蘖数达到预计穗数的 80% 左右（13 万~15 万）时，或在 7 月 5 日前后，自然断水落干晒田；至田中不陷脚、叶色落黄褪绿、保持虾沟水位与大田落差在 15 厘米以上；晒田复水后湿润管理，孕穗期保持 3~5 厘米水层；抽穗以后采用干湿交替管理，抽穗至灌浆期遇高温灌 6~9 厘米深水调温；收获前 7~10 天断水

（二）病虫草害防治

1. 防治原则　坚持"预防为主、综合防治"的原则，优先采用物理防治和生物防治，配合使用化学防治

2. 虫害防治
   (1) 物理防治。每 20 000 米² （30 亩）安装一盏功率为 15 瓦杀虫灯，诱杀成虫，减少农药使用量
   (2) 生物防治。利用和保护好害虫天敌，使用性诱剂诱杀成虫，使用杀螟杆菌及生物农药 Bt 粉剂防治螟虫
   (3) 化学防治。防治稻蓟马、二化螟、稻飞虱、稻纵卷叶螟等害虫，大田禁止使用有机磷、菊酯类高毒、高残留杀虫剂

3. 病害防治　防治纹枯病、稻瘟病、稻曲病等病害

4. 草害防治　水稻移栽后 7 天内，每亩选用 50% 二氯喹啉酸粉剂 30 克或 90% 禾草丹乳油 125 克拌细土或尿素撒施防除稻田杂草、药后大田与虾沟不串水，大田禁用对小龙虾有毒的氯氟氰菊酯、噁草酮等除草剂

（三）收获

水稻黄熟末期（稻谷成熟度达 90% 左右）收获，留桩高度 30 厘米左右，秸秆全部还田

（续）

操作规程	虾	（一）稻田改造 以30~50亩为一单元进行改造为宜，环形沟宽3~4米，深1~1.5米，坡比1:1.5，田埂高0.6~0.8米，宽2~3米。稻田面积达到50亩以上的，加开宽1~2米、深0.8米的田间沟。进、排水口和田埂上应用8孔/厘米（相当于20目）的网片设防逃网，田埂上可用水泥瓦、防逃塑料膜制作，高40厘米。进、排水口分别位于稻田两端，高灌低排。 （二）投放种苗 9~10月，每亩投放规格为1.0厘米的幼虾1.5万~3.0万尾，或8月底。每亩投放20~30千克亲虾，雌雄比例3:1。同一池塘放养的虾苗规格要一致，一次放足。 （三）移植水草 水草包括渲草、眼子菜、轮叶黑藻、水葫芦、水花生等、沉水植物，漂浮植物面积分别应为培育池面积的50%~60%，40%~50%。 （四）投饲 3月以后，当水温上升到16℃以上，每个月投2次水草，每亩用量为100~150千克。每周投喂一次动物性饲料，每亩用量为稻田存虾量的1%~4%。10~12月每月投一次水草，每亩用量为0.5~1.0千克，每日傍晚投喂一次人工饲料，投喂量为稻田存虾量的1%~4%。每周投喂一次粗蛋白含量30%~32%的动物性饲料，每亩用量为100~150千克。每月投喂一次腐熟的农家肥，施一次腐熟的农家肥，每亩用量为150千克，投喂量为虾总重量的2%~5%，当水温低于12℃时，不再投喂。 （五）捕捞 第一茬捕捞时间从4月中旬至6月上旬，第二茬捕捞时间从8月上旬至9月底，地笼网眼规格应为2.5~3.0厘米，捕捞遵循捕大留小的原则。

图书在版编目（CIP）数据

稻虾复合种养与生产管理 / 李继福，朱建强，蔡晨编著 . —北京：中国农业出版社，2019.6
ISBN 978-7-109-25600-2

Ⅰ.①稻… Ⅱ.①李… ②朱… ③蔡… Ⅲ.①稻田－龙虾科－淡水养殖 Ⅳ.①S966.12

中国版本图书馆 CIP 数据核字（2019）第 115167 号

中国农业出版社

地址：北京市朝阳区麦子店街 18 号楼
邮编：100125
责任编辑：魏兆猛　浮双双
版式设计：杨　婧　责任校对：沙凯霖
印刷：中农印务有限公司
版次：2019 年 6 月第 1 版
印次：2019 年 6 月北京第 1 次印刷
发行：新华书店北京发行所
开本：880mm×1230mm　1/32
印张：3.5　插页：2
字数：100 千字
定价：28.00 元

版权所有·侵权必究
凡购买本社图书，如有印装质量问题，我社负责调换。
服务电话：010-59195115　010-59194918